中国气象观测质量报告
（2023）

中国气象局气象探测中心　编

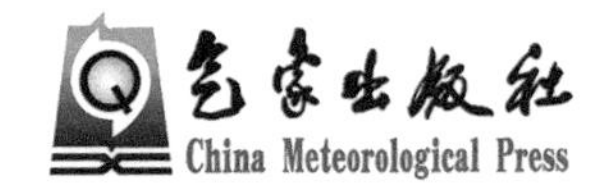

内容简介

观测是气象工作的基础，质量则是观测的生命线。本书以综合气象观测业务质量提升为主线，系统地分析评估了除卫星气象观测外的中国综合气象观测系统2023年业务运行的新一代天气雷达观测网、风廓线雷达观测网、探空观测网、国家级地面气象观测网、GNSS/MET观测网、雷电观测网、自动土壤水分观测网、大气成分观测网和地基遥感垂直观测网共九大类气象观测，覆盖6万多个观测站的站网布局、数据质量、运行质量、业务能力和质量改进等内容。

图书在版编目（CIP）数据

中国气象观测质量报告. 2023 / 中国气象局气象探测中心编. -- 北京 : 气象出版社, 2024. 8. -- ISBN 978-7-5029-8272-0

Ⅰ. P41-12

中国国家版本馆CIP数据核字第2024QY9423号

中国气象观测质量报告(2023)

ZHONGGUO QIXIANG GUANCE ZHILIANG BAOGAO(2023)

中国气象局气象探测中心　编

出版发行：气象出版社

地　　址：北京市海淀区中关村南大街46号　　邮政编码：100081

电　　话：010-68407112(总编室)　010-68408042(发行部)

网　　址：http://www.qxcbs.com　　E-mail：qxcbs@cma.gov.cn

责任编辑：蔺学东　　终　　审：张　斌

责任校对：张硕杰　　责任技编：赵相宁

封面设计：艺点设计

印　　刷：北京建宏印刷有限公司

开　　本：787 mm×1092 mm　1/16　　印　　张：4.25

字　　数：116千字

版　　次：2024年8月第1版　　印　　次：2024年8月第1次印刷

定　　价：50.00元

《中国气象观测质量报告(2023)》

编　写　组

主　　编： 徐鸣一

副 主 编： 赵晨曦　刘　彬

编写人员： 陈　亮　王　旭　牛志强　褚　璐　荆俊山　周　青
郭亚田　王　健　付懋森　刘　征　李翠娜　崔喜爱
孙　豪　石　锐　支亚京　景翠雯　闫荞荞　黄　洋
宫玉辛　胡　沁　孙　越　高丽娜　方冬青　吕珊珊
孙万启　李雅楠　张晓春

校　　对： 赵晨曦　陈　亮

统　　稿： 陈　亮

前 言

观测是气象工作的基础，质量则是观测的生命线。2022 年 4 月，国务院印发《气象高质量发展纲要（2022—2035 年）》（简称《纲要》），中国气象局全面部署落实《纲要》，加快推动气象高质量发展。近年来，气象观测正从规模型向质量效益型转变。观测网的代表性、观测数据的正确性、观测装备运行的稳定性、装备技术保障的及时性等直接决定中国综合气象观测的整体水平。

《中国气象观测质量报告（2023）》（以下简称《报告》）以综合气象观测业务质量提升为主线，包含综合气象观测站网、观测数据质量评估、观测网运行质量、观测质量业务能力以及观测质量改进共五章，评估设备种类包含除卫星气象观测外，全国业务运行的新一代天气雷达观测网、风廓线雷达观测网、探空观测网、GNSS/MET 观测网、雷电观测网、地面气象观测网（包含国家级和省级）、自动土壤水分观测网、大气成分观测网和地基遥感垂直观测网共九类观测；《报告》的评估时段为 2023 年，数据来源为已经全国业务运行的“气象观测质量管理体系信息系统”“天衡天衍－综合气象观测数据质量控制系统”和“综合气象观测业务运行信息化平台”。《报告》是中国气象局气象探测中心落实中国气象局党组加强观测业务质量管理，强化数据质量控制，确保气象数据准确、权威、科学的具体举措，是中国气象探测强国建设的重要组成部分。

《报告》在编制过程中得到了中国气象局领导的指导和殷切关怀、综合观测司领导的大力支持，以及各兄弟单位、各省（区、市）气象局和各设备生产厂家的有力配合，在此表示感谢！

由于时间紧迫，《报告》中难免有纰漏和不当之处，敬请读者批评、指正。

编 者

2024 年 6 月

摘　要

截至2023年底，我国业务运行的九大类气象观测包括新一代天气雷达站247个、风廓线雷达站87个、探空站120个、国家级地面气象观测站10962个、省级地面气象观测站51709个、地基遥感垂直观测系统49个、雷电站504个、GNSS/MET站700个、土壤水分站2441个、大气成分站261个。国家级地面气象观测站网中有51个站探测环境变化对观测结果产生实质性影响，56个站完成迁站并启用新址观测。

2023年，九类气象观测设备平均数据正确率均达到评估标准并维持较高水平。新一代天气雷达数据正确率为99%，较2022年提升0.2个百分点；电磁干扰对天气雷达数据质量影响相对较大，占雷达数据质量问题的52%。风廓线雷达数据正确率为95.9%，较2022年提升1.2个百分点；全国考核风廓线雷达与CMA模式场一致性评估总体较好。探空观测数据正确率为99.7%，较2022年提升0.1个百分点，比世界气象组织（WMO）二区协地区平均高9.3%，比全球平均高17.7%，与全球第一梯队相差0.3%；各型号探空系统温度、位势高度、风向、风速正确率均达到评估标准（≥98%）。GNSS/MET数据正确率为95.5%，较2022年提升0.6个百分点，主要是数据传输故障、设备故障和探测环境不良等因素导致。雷电数据正确率为96.5%，较2022年提升1.6个百分点；影响雷电数据质量问题主要为闪电信号处理和时间测量等工作状态检查异常。国家级地面气象观测站数据正确率与2022年持平，全年均在99.0%以上；观测要素中极大风向的数据质量可疑/错误数量相对较多（占比19.5%）。土壤水分数据正确率为99.9%，较2022年提升0.1个百分点；土壤水分数据质量问题主要由设备故障或性能下降、传感器标定漂移和土壤水文物理常数漂移引起。大气成分的气溶胶质量浓度、黑碳观测和反应性气体数据正确率分别为97.5%、92.5%和97.5%，均达到评估标准（≥80%）。地基遥感垂直观测系统的毫米波测云仪、地基微波辐射计和气溶胶激光雷达的数据正确率分别为98.7%、97.3%和93.4%，均达到评估指标（≥85%）。

2023年各类装备因评估方法的升级和调整，业务可用性评估结果较往年有一定程度的下降，不具备可比性。新一代天气雷达平均业务可用性为98.99%，较2022年降低0.54个百分点，平均故障修复时间为4.21 h，减少2.09 h，发射系统故障占比最大为24.9%；风廓线雷达平均业务可用性为95.89%，平均故障次数为2.61次，数据处理及应用终端故障占比最大为37.5%。探空平均业务可用性为99.97%，较2022年降低0.03个百分点。国家级地面气象观测平均业务可用性为99.44%，较2022年降低0.55个百分点；传感器、供电系统、通信系统和采集器故障出现频率较高，约占92.73%。省级地面气象观测业务可用性为99.11%。地基垂直遥感观测系统平均业务可用性为91%，其中风廓线仪、毫米波测云仪、地基微波辐射计、气溶胶激光观测仪和GNSS/MET观测仪平均业务可用性分别为93.3%、92.8%、90.4%、

88.2%和89.7%。雷电平均业务可用性为95.91%，较2022年下降2.78个百分点，通信系统、业务终端系统、供电系统和电子盒故障率较高，约占89.39%。GNSS/MET平均业务可用性为87.99%，低于考核标准(92%)；各设备生产厂家的平均业务可用性均低于考核标准(92%)，其中，TRIMBLE和北京敏视达的平均业务可用性相对较高，分别是91.45%和91.40%。土壤水分平均业务可用性为99.32%，较2022年提升1.21%，通信系统、传感器、供电系统故障出现频率较高，占比约87.6%。大气成分气溶胶质量浓度、黑碳、气溶胶散射系数和酸雨平均业务可用性分别为95.86%、86.46%、51.83%和95.53%。

气象观测质量管理体系信息系统、天衡天衍—综合气象观测数据质量控制系统、综合气象观测业务运行信息化平台是支撑综合气象观测质量管理、质量控制与评估和运行保障的重要业务系统和应用平台。2023年，气象观测质量管理支撑业务系统3.0版持续完善，通过推进质量管理体系审核与观测业务检查融合，内审抽查共发现不符合项104个，改进建议项579个，定位了观测业务难点问题和改进方向；基于质量改进机制，全国组织共召开6次质控业务应用培训，培训总人数达1000多人次，开展全国观测质量会商机制，强化国省互动促进观测前端改进。

目　录

第一章　综合气象观测站网

一、综合气象观测网布局

目前，我国已基本建成布局科学、技术先进、功能完善、质量稳健、效益显著、管理高效的综合气象观测系统，整体实力达到同期国际先进水平，气象观测站网设计布局工作进入世界领先行列，为气象现代化整体水平提升提供了强有力的基础支撑。截至2023年，我国气象观测系统全部实现自动化观测，涵盖地面、高空、垂直、海洋等领域100多项观测项目，是全球规模最大的气象观测系统。本报告以新一代天气雷达观测网、风廓线雷达观测网、探空观测网、国家级地面气象观测网、省级地面气象观测站、地基遥感垂直观测系统、雷电观测网、GNSS/MET观测网、土壤水分观测网、大气成分观测网业务运行考核站点为重点，截至2023年底站点数如表1.1所示。

表1.1　业务运行考核观测站数量

观测网	评估站数/个
新一代天气雷达观测网	247
风廓线雷达观测网	87
探空观测网	120
国家级地面气象观测网	10962
省级地面气象观测站	51709
地基遥感垂直观测系统	49
雷电观测网	504
GNSS/MET观测网	700
土壤水分观测网	2441
大气成分观测网(气溶胶质量浓度观测仪)	261

1. 新一代天气雷达观测网

我国业务运行考核的新一代天气雷达共247部，如图1.1所示，较2022年新增10部。设备型号有S波段和C波段两个波段，S波段天气雷达主要布设在我国沿海和多强降水的地区，包括SA/SAD、SB/SBD、SC/SCD和WSR-88D共7种型号135部；C波段天气雷达主要布设在我国强对流天气发生和活动频繁，经济比较发达的中部地区，包括CA/CAD、CB、CC/CCD、CD/CDD共7种型号112部。距离雷达站地面1 km高度的探测覆盖范围占国土面积的33.7％，2 km高度占56.0％，3 km高度占64.8％，较2023年提升约2个百分点。

2. 风廓线雷达观测网

我国业务运行考核的风廓线雷达共87部，如图1.2所示，较2022年减少1部。主要分布在三大经济区,京津冀、长三角、珠三角平均站距 50～100 km,局部 20～50 km。设备型号以边界层和对流层探测高度为主,主要分为 3 km 型、6～8 km 型、12 km 型。

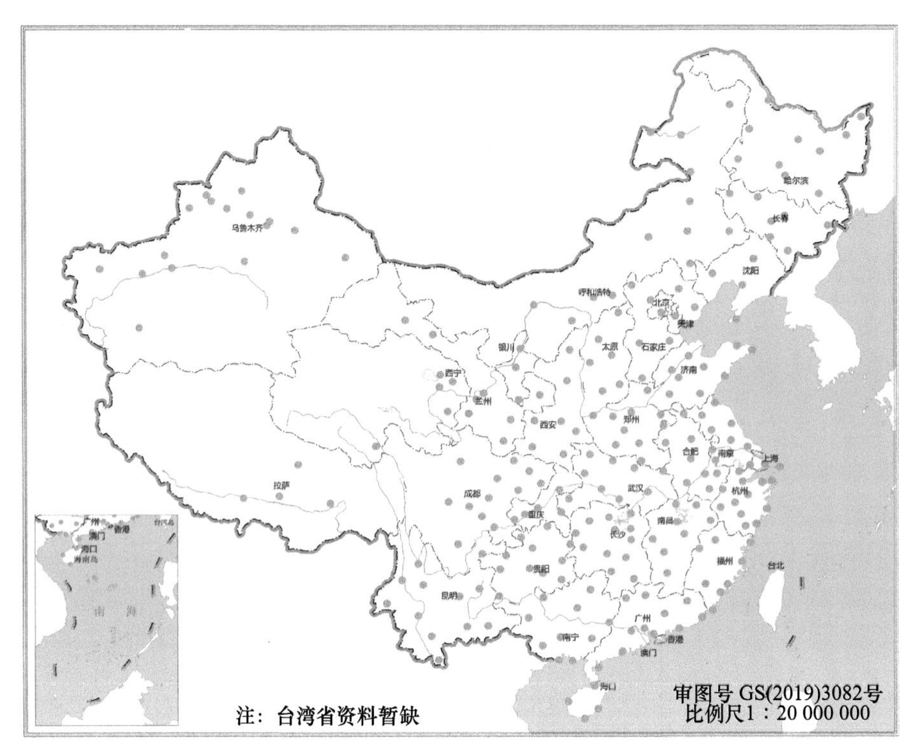

图 1.1　全国新一代天气雷达站网布局

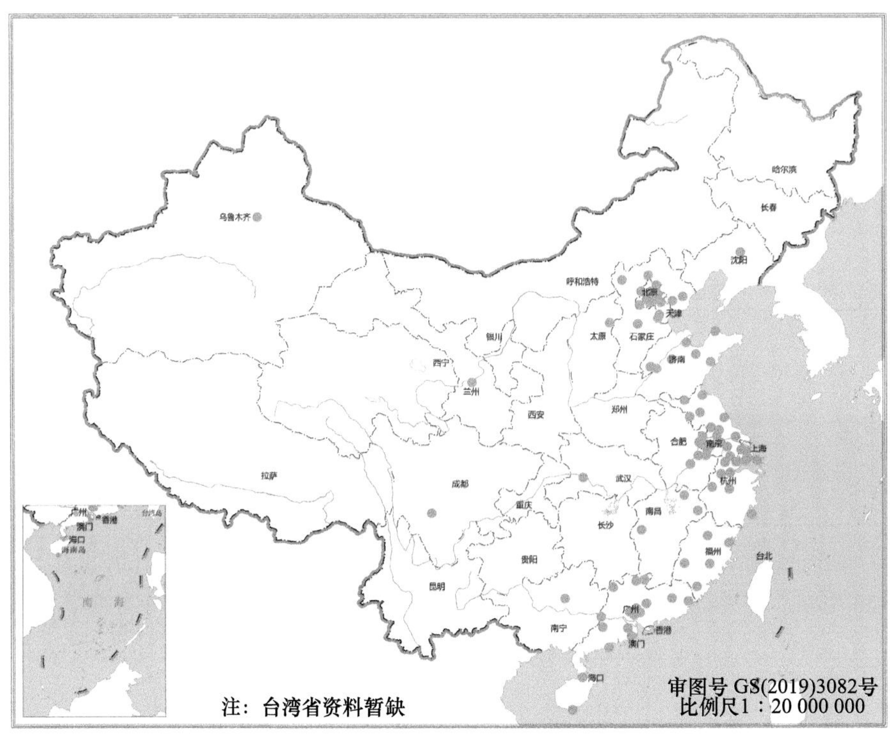

图 1.2　全国风廓线雷达观测站网布局

3. 探空观测网

我国业务运行考核的探空站有 120 个，如图 1.3 所示，较 2022 年新增 1 个，站网间距在 300 km 左右。探空雷达全部采用南京大桥机器有限公司的 L 波段二次测风雷达，探空仪采用南京大桥机器有限公司 GTS11 型探空仪、上海长望气象科技股份有限公司 GTS12 型探空仪、太原无线电一厂 GTS13 型探空仪。

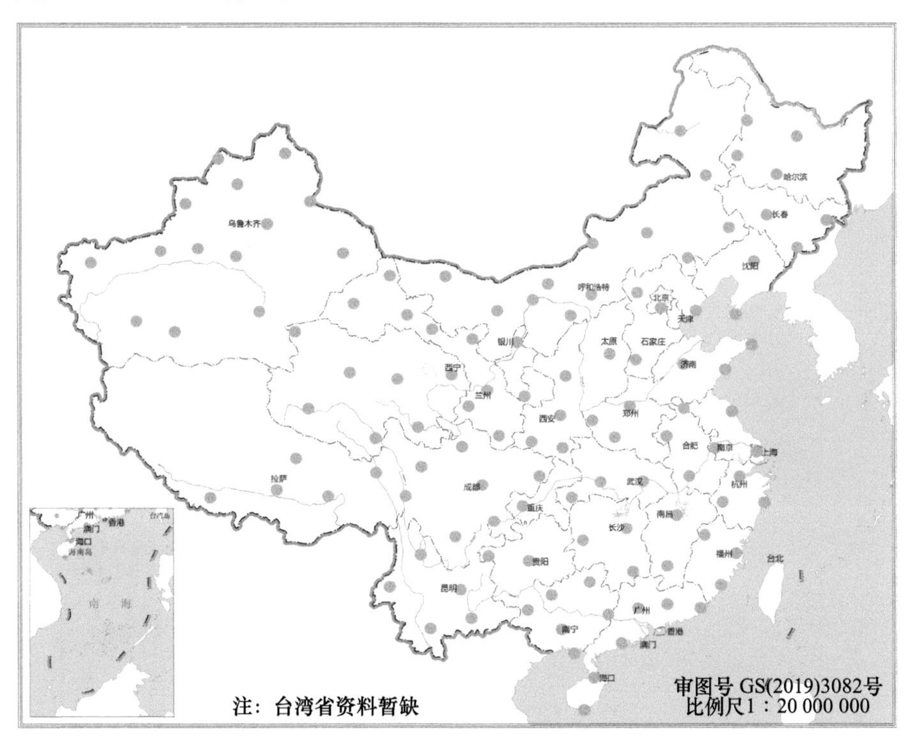

图 1.3　全国探空观测站网布局

4. 地面观测网

我国业务运行考核的国家级地面气象观测站共 10962 个，省级地面气象观测站共 51709 个，如图 1.4 所示，设备型号以 CAWS 型、DZZ1-2、DZZ1-2N、DZZ3、DZZ4、DZZ5、DZZ5(HY1100)、DZZ5(qml201)、DZZ6 等为主。用于满足天气、气候及专业气象等不同服务需求，按照气象观测要素分类，如图 1.5 所示，单要素站（降水量）主要布局在西南地区，四要素站（降水量、气温、风向、风速）在东部地区占比较大，西北地区及西藏等地以六要素站（降水量、气温、风向、风速、气压、相对湿度）或七要素站（六要素＋水平能见度）为主。

5. 地基遥感垂直观测系统

我国业务运行考核的地基遥感垂直观测系统共计 49 部，如图 1.6 所示，其中 17 部已业务准入，主要包含风廓线仪、毫米波测云仪、地基微波辐射计、气溶胶激光观测仪（三波长）、GNSS/MET 观测仪共 5 种垂直观测设备和地基遥感垂直廓线集成系统，可探测温度、湿度、风、水凝物、气溶胶等要素，时间分辨率达到 1 min，垂直空间分辨率达到百米级。设备型号包括风廓线 YKD1、YKD2、YKD4，毫米波测云仪 YLU1、YLU2、YLU3，地基微波辐射计 YKW1、YKW2、YKW3、YKW5，气溶胶激光观测仪（三波长）YLJ1、YLJ2，GNSS/MET 观测仪 YKS1、YKS2，集成系统 GBRS-VOS。设备基本覆盖全国内陆及沿海地区，平均站距 600 km。

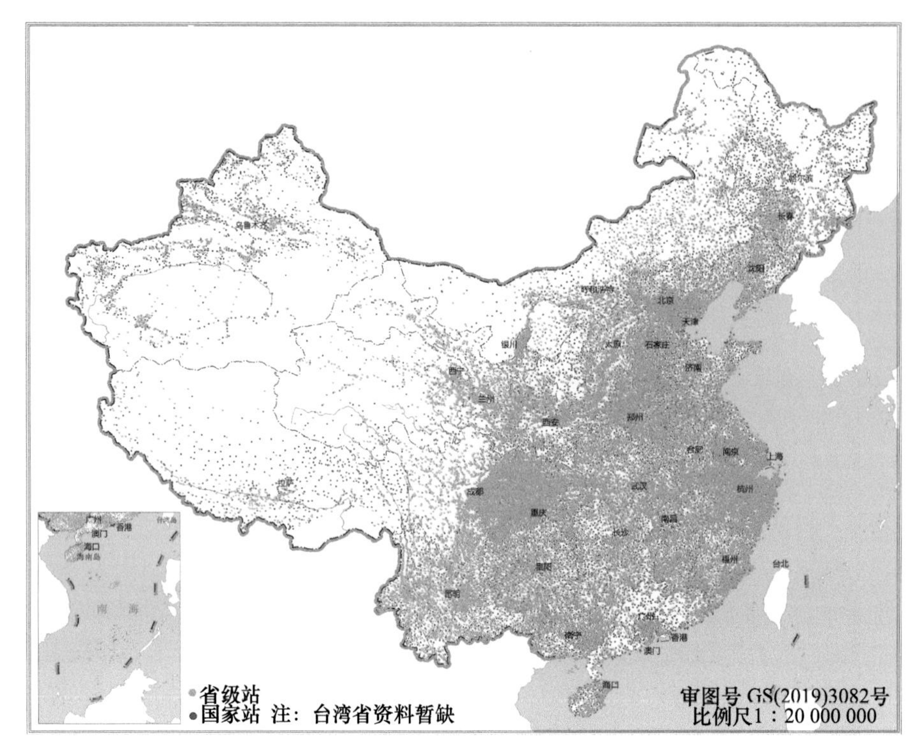

图 1.4　国家级地面气象观测站网布局

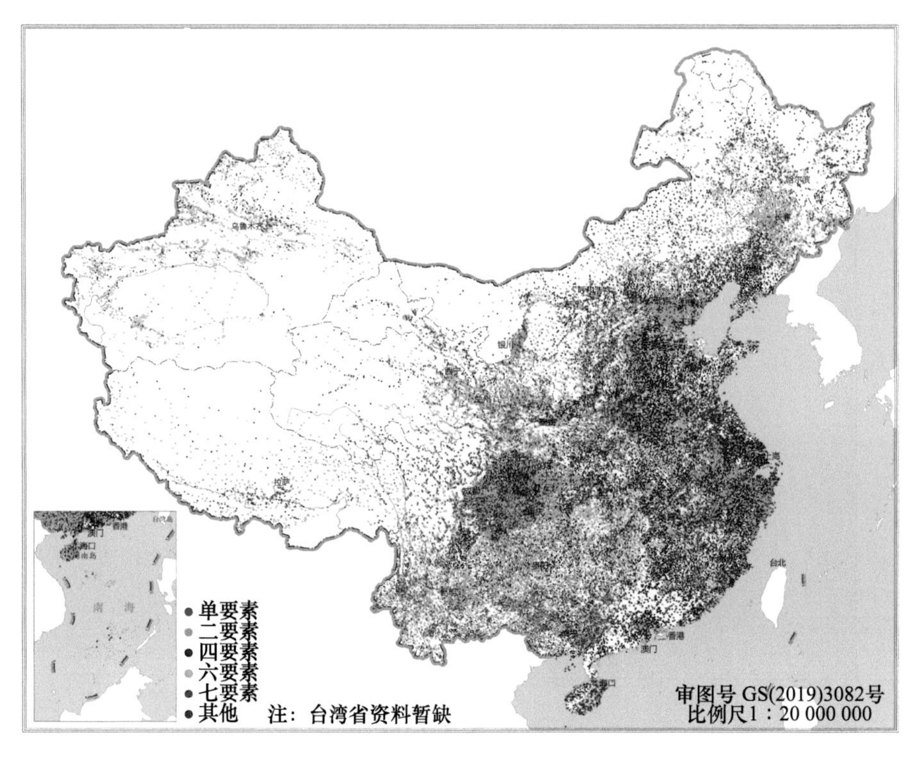

图 1.5　全国地面气象观测站观测要素分类布局

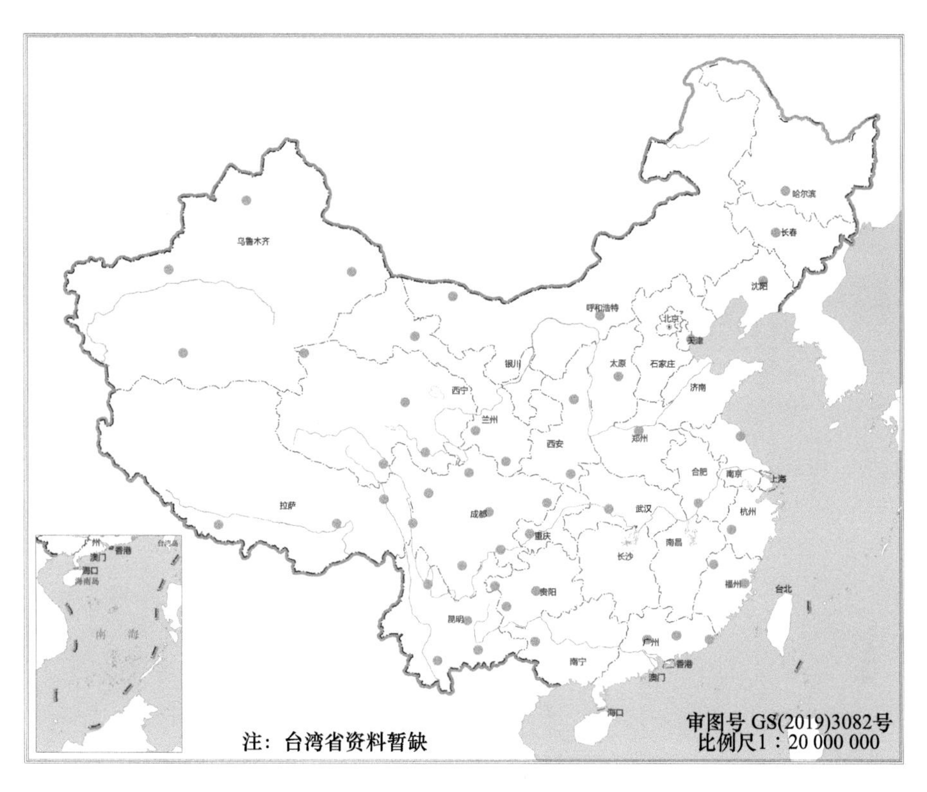

图 1.6　全国地基遥感垂直观测站网布局

6. 雷电观测网

我国业务运行考核的雷电观测站共 504 个，如图 1.7 所示，较 2022 年新增 70 个，基本覆盖了我国内陆区域。我国东部、南部等雷电多发区域的平均站距多在 100～150 km，中部、西部和北部等区域平均站距多在 150～200 km，新疆、西藏等站点间距超过 200 km。设备型号以 ADTD 型和 DDW1 型为主，前者以探测云地闪为主，后者可实现部分云闪监测，工作在 VLF/LF 频段，采用多站测向和时差联合定位技术。

7. GNSS/MET 观测网

我国业务运行考核的 GNSS/MET 站点为 700 个，如图 1.8 所示，较 2022 年减少 33 个，东部地区平均站距为 50～100 km，西部地区平均站距为 300 km 以上。设备型号以 TRIMBLE(天宝)、LEICA(莱卡)、TPS LEGACY(拓普康)、YQS1(敏视达)、M300 Proll(上海司南卫星导航)5 种为主。

8. 土壤水分观测网

我国业务运行考核的自动土壤水分站有 2441 个，如图 1.9 所示，较 2022 年新增 9 个，覆盖各主要气候区、土壤类型和生态下垫面，除西藏、新疆、青海、云南等西部地区平均站距超过 100 km，多数地区平均站距在 20～70 km。设备型号有 DZN1、DZN2 和 DZN3 共 3 种，DZN1 型采用驻波率法频域反射，DZN2 和 DZN3 型采用电容法频域反射。

9. 大气成分观测网

我国业务运行考核的各类大气成分观测站(气溶胶质量浓度观测仪)共 261 个，如图 1.10

所示。气溶胶质量浓度设备有 MEZUS 610、蓝盾 LGH-01E 、聚光 BPM-200、XHPM3000、TEOM1405、TEOM1400A、SHARP5030、MP101 和 GRIMM180 九种型号。

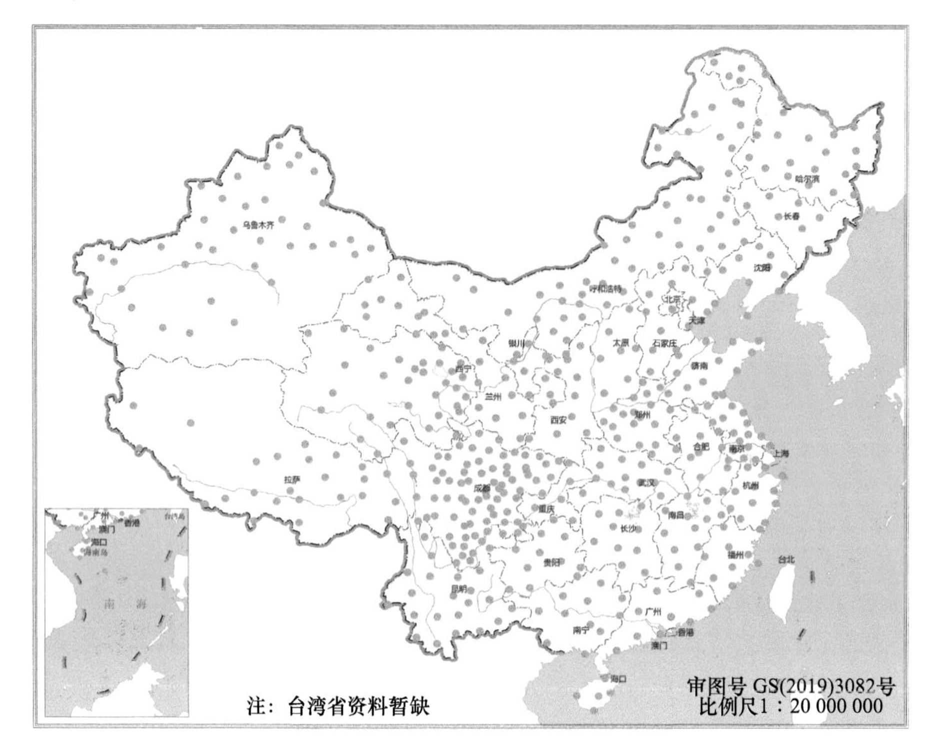

图 1.7　全国雷电观测站网布局

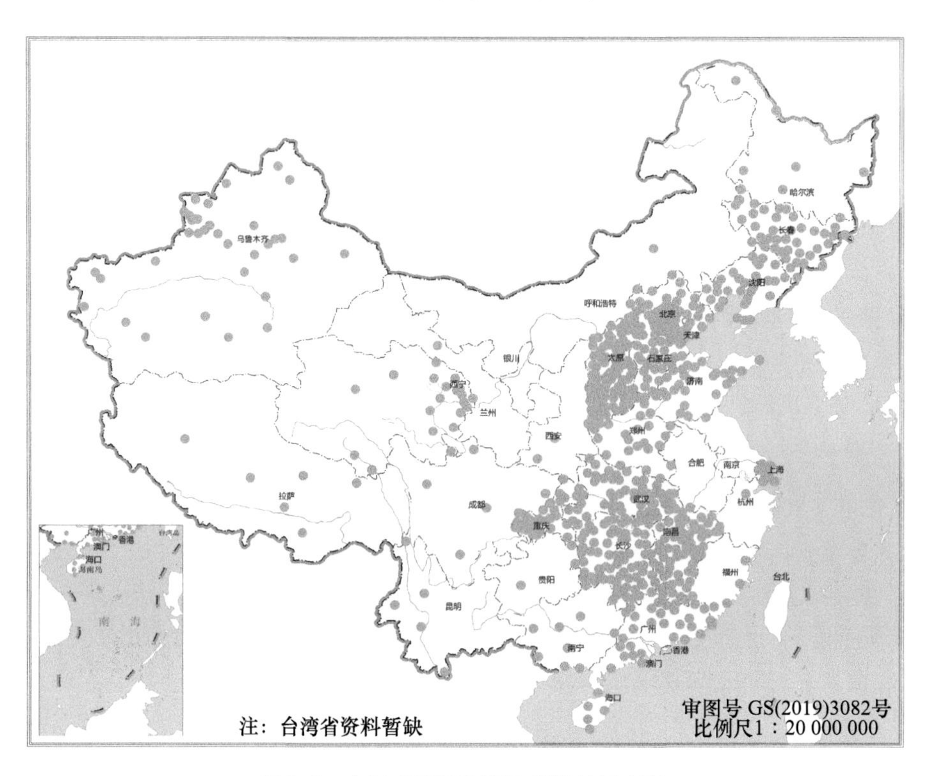

图 1.8　全国 GNSS/MET 观测站网布局

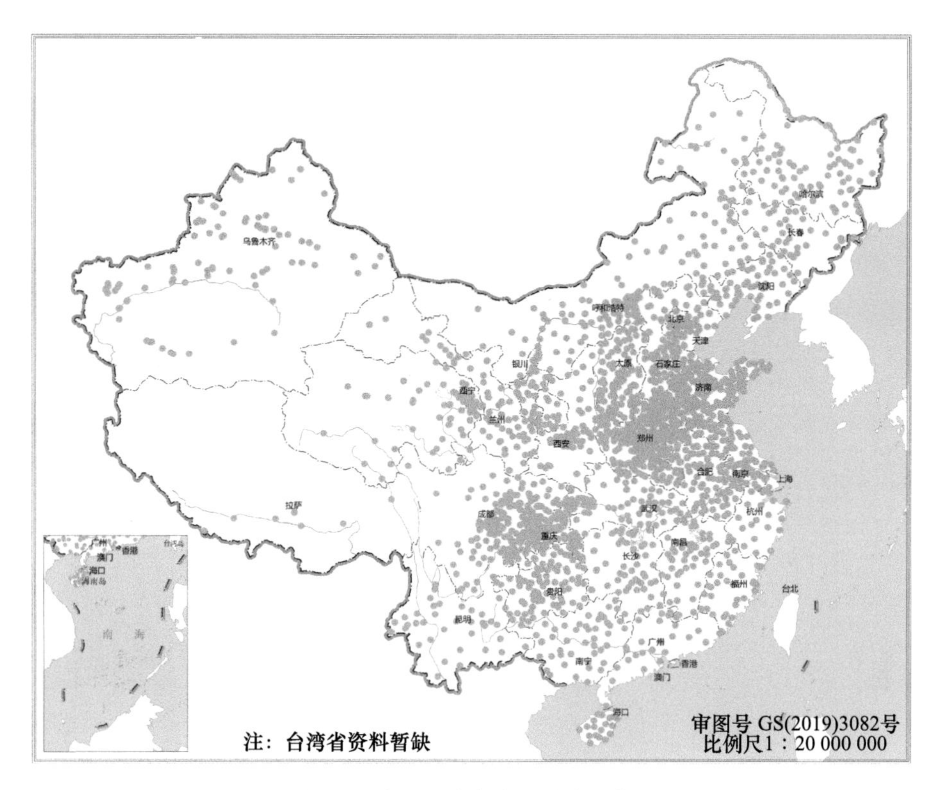

图 1.9　全国土壤水分观测站网布局

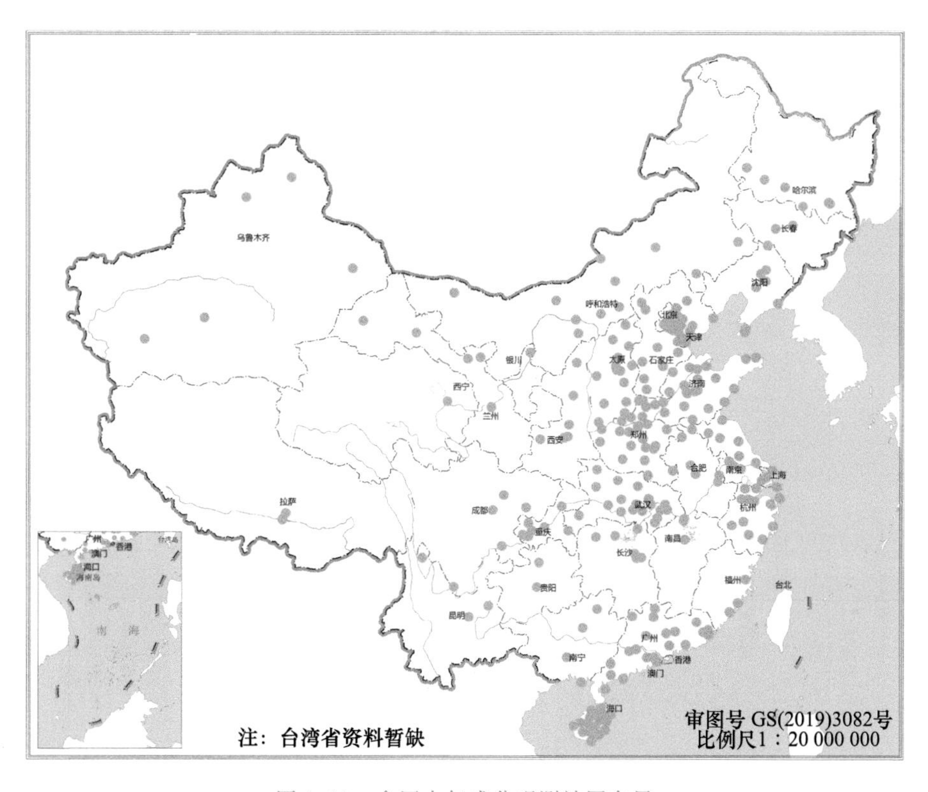

图 1.10　全国大气成分观测站网布局

二、地面台站观测环境变化

2023 年有 56 个国家级地面气象观测站迁站并启用新址观测，如图 1.11 所示。根据中国气象局气象观测台站气象探测环境变化月报告统计，2023 年国家级地面自动气象站中有 437 个站的探测环境发生变化，其中有 101 个站得到改善，285 个站符合探测环境保护规定或未造成实质性影响，51 个站对观测造成实质性影响(图 1.12)。探测环境发生变化的台站中有 316 个站受外部影响源影响发生变化，主要影响源为建筑物，约占 87.0%，其次为自然物，约占 11.7%。探测环境变化和迁站较频繁地区主要在中东部。

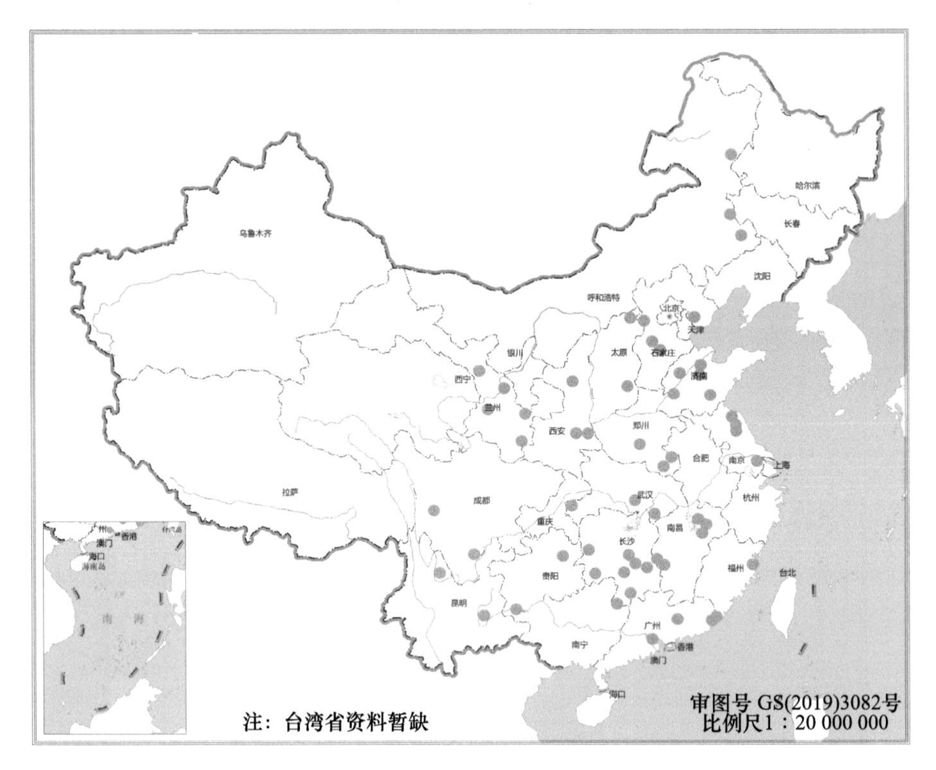

图 1.11　2023 年国家级地面气象站启用新址观测站点分布

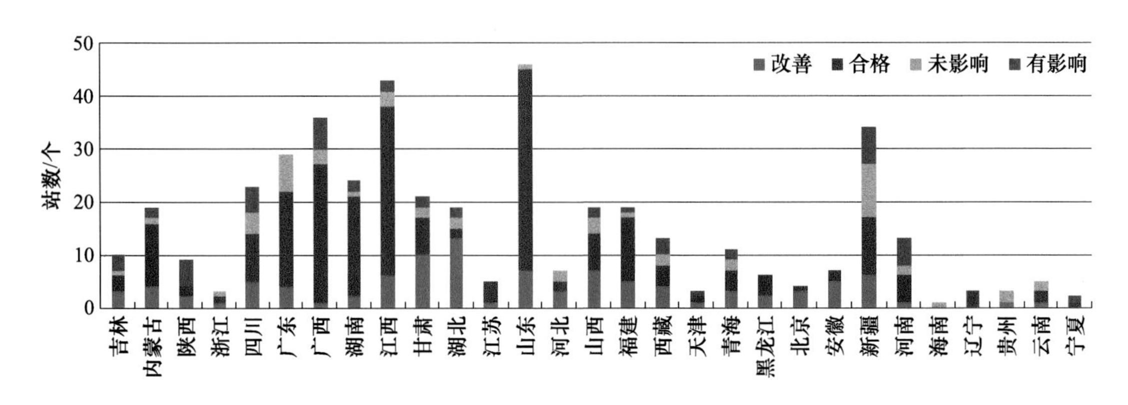

图 1.12　2023 年国家级地面气象站探测环境变化

第二章　观测数据质量评估

2023 年，九类观测设备（新一代天气雷达、风廓线雷达、探空、国家级地面气象站、雷电、土壤水分、大气成分、GNSS/MET、地基遥感垂直观测系统）数据累计质控 6.6 亿余站次（区域站 4.1 亿未含在列），新一代天气雷达回波剔除 7891 站次，异常事件已处理 33847 站次，综合气象观测数据质量周报已处理 2473 站次。各观测设备平均数据正确率基本达到评估标准，新一代天气雷达、风廓线雷达、探空、雷电、GNSS/MET、土壤水分、气溶胶质量浓度正确率较 2022 年相比有所提升，地面观测正确率与 2022 年基本持平，详见图 2.1。

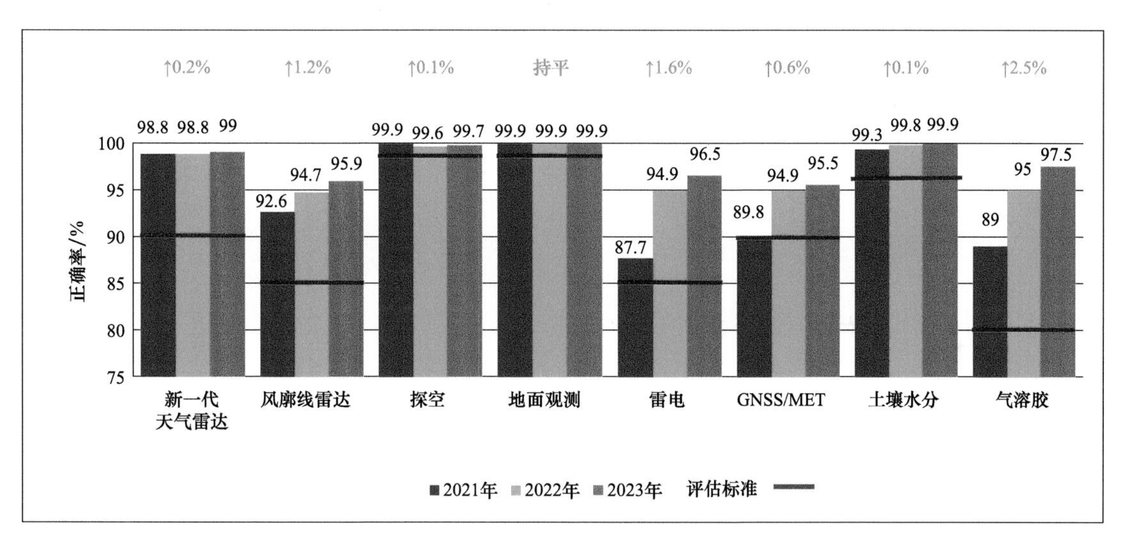

图 2.1　2021—2023 年综合气象观测数据正确率统计

一、新一代天气雷达

2023 年，全国新一代天气雷达整体正确率达 99%，较 2022 年提升 0.2 个百分点。各月天气雷达观测数据正确率均达到了评估标准（≥90%），其中最高为 99.5%（11 月、12 月），最低为 94.8%（1 月），详见图 2.2。

天气雷达基数据质量问题主要由电磁干扰、地物回波、设备异常 3 类原因引起。以发生频次为标准，电磁干扰出现的次数较多，占全部数据质量问题的 52%；其次是地物回波，占 47%；设备异常占 1%，详见图 2.3。电磁干扰问题在 SA 型雷达和 CC 型雷达中较为突出，分别为 44.2%和 21.4%，其次为 SB 型雷达，占比为 11.1%，详见图 2.4。

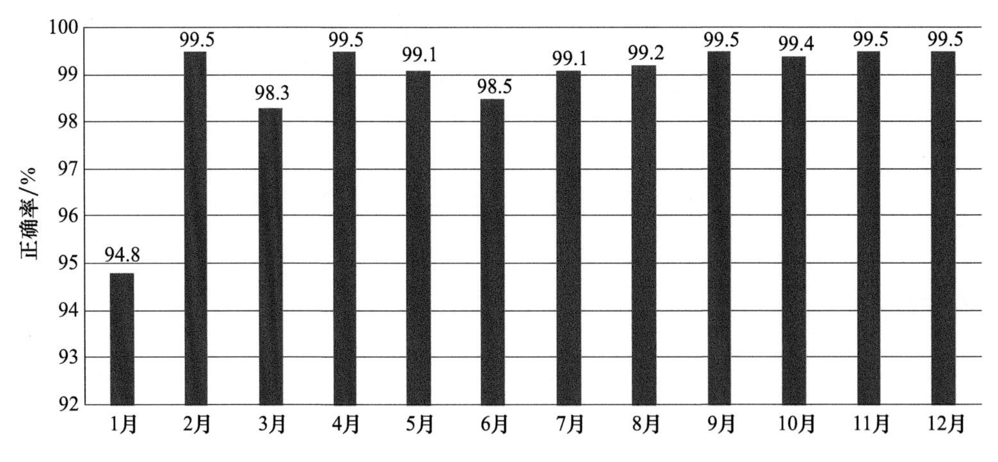

图 2.2 2023 年全国天气雷达逐月观测数据正确率

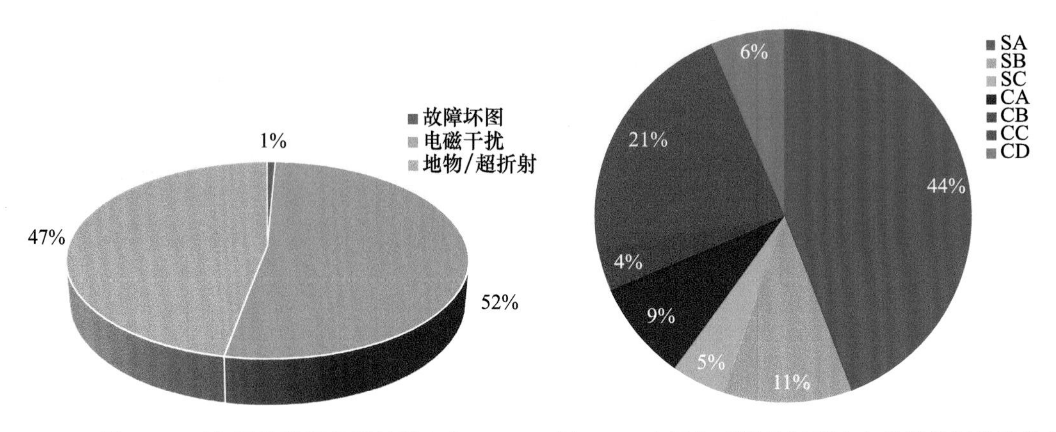

图 2.3 天气雷达数据质量问题占比

图 2.4 全国各型号天气雷达电磁干扰疑误数分布

二、风廓线雷达

2023 年,全国风廓线雷达整体正确率为 95.9%,达到评估标准(≥85%),较 2022 年提升 1.2 个百分点。各月风廓线雷达观测数据正确率均达评估标准(≥85%),其中,最高为 98.1%(12 月),最低为 93.7%(10 月),详见图 2.5。

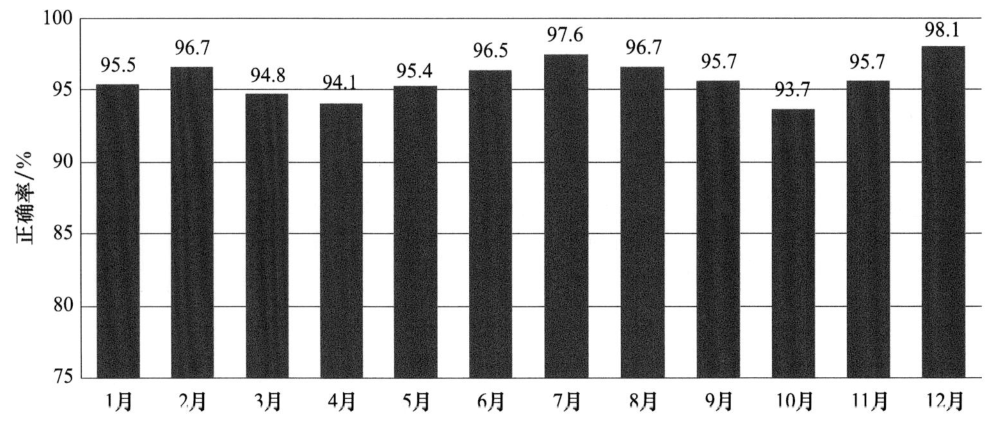

图 2.5 风廓线雷达各月观测数据正确率

2023 年，全国考核风廓线雷达与 CMA 模式场一致性评估总体较好；水平风 U、V 分量两者标准差分别为 2.4 m/s 和 2.3 m/s，较去年 U 分量标准差提高 0.1 m/s。各月模式一致性评估结果显示，两者对比水平风 U、V 分量标准差均在 2.8 m/s 以下，其中 8 月最低，U、V 分量标准差均在 2.0 m/s 以下，分别为 1.9 m/s、2.0 m/s，详见图 2.6。

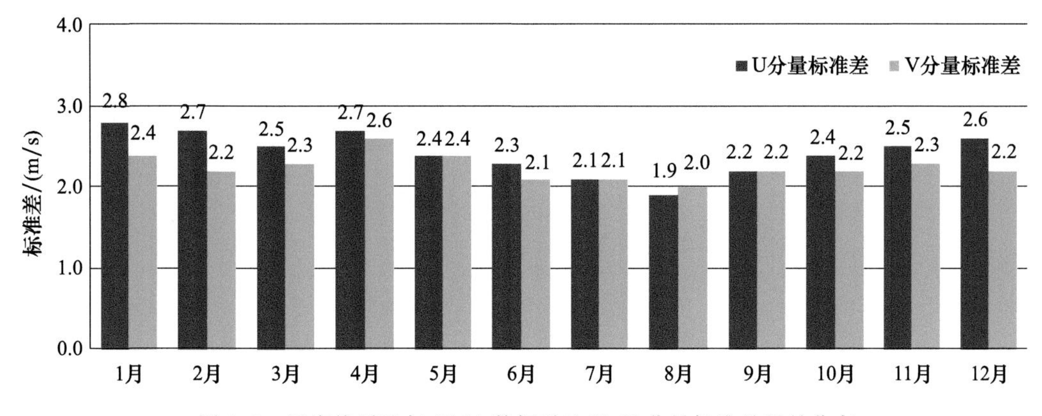

图 2.6　风廓线雷达与 CMA 数据对比 U、V 分量标准差逐月分布

根据风廓线雷达与探空数据对比结果，南京、龙门、北京、萧山、章丘 5 站的水平风 U、V 分量标准差均超过 3.0 m/s。其中，南京站 U 分量和北京站的 V 分量标准差最高，分别为 4.2 m/s 和 4.0 m/s，其他各站 U、V 分量标准差均在 3.6 m/s 以下，详见图 2.7。

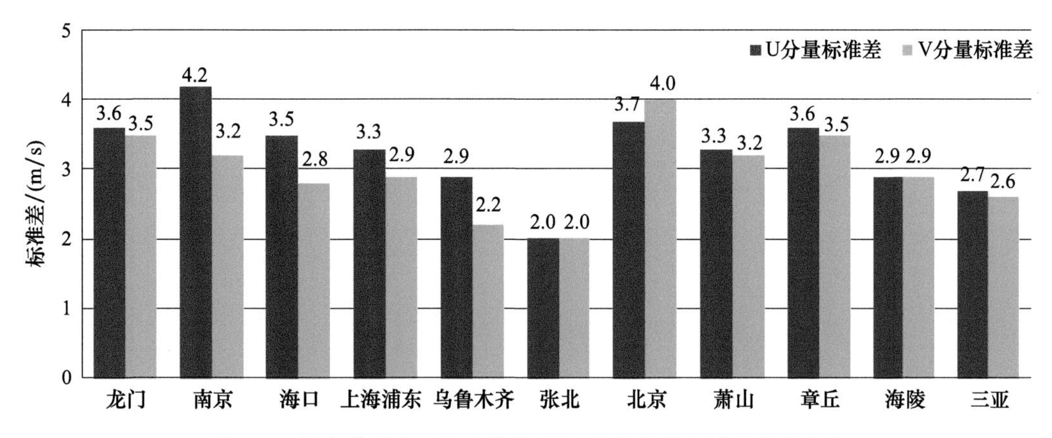

图 2.7　风廓线雷达与探空数据对比 U、V 分量标准差各站分布

三、探空

2023 年，全国探空站观测数据正确率为 99.7%，较 2022 年提升 0.1 个百分点。88 个全球交换站正确率为 99.7%，比二区协（亚洲）地区平均正确率高 9.3 个百分点，比全球平均正确率高 17.7 个百分点，与全球第一梯队相差 0.3%，详见图 2.8。

各型号探空要素包括气压、露点温度、温度、位势高度、风向、风速正确率均达到评估标准（≥98%），详见图 2.9。

采用国际通用标准，通过 CMA 模式背景结果分析，将中国 88 个全球交换探空站与二区协 285 个探空站和全球区域 768 个探空站的温度、位势高度、风向、风速四个观测要素对比发现，

2023年全国88个全球交换站的温度、位势高度、风向、风速均方根误差分别为1.3 ℃、17.2 gpm、8.6°和3.0 m/s，均略低于二区协和全球平均水平，详见图2.10。

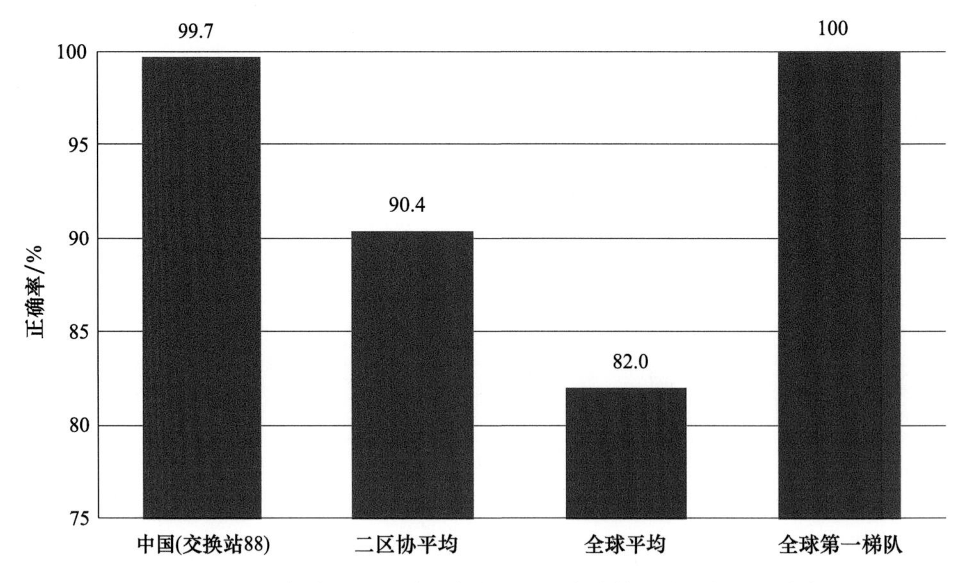

图2.8　2023年中国、二区协、全球平均和全球第一梯队数据正确率

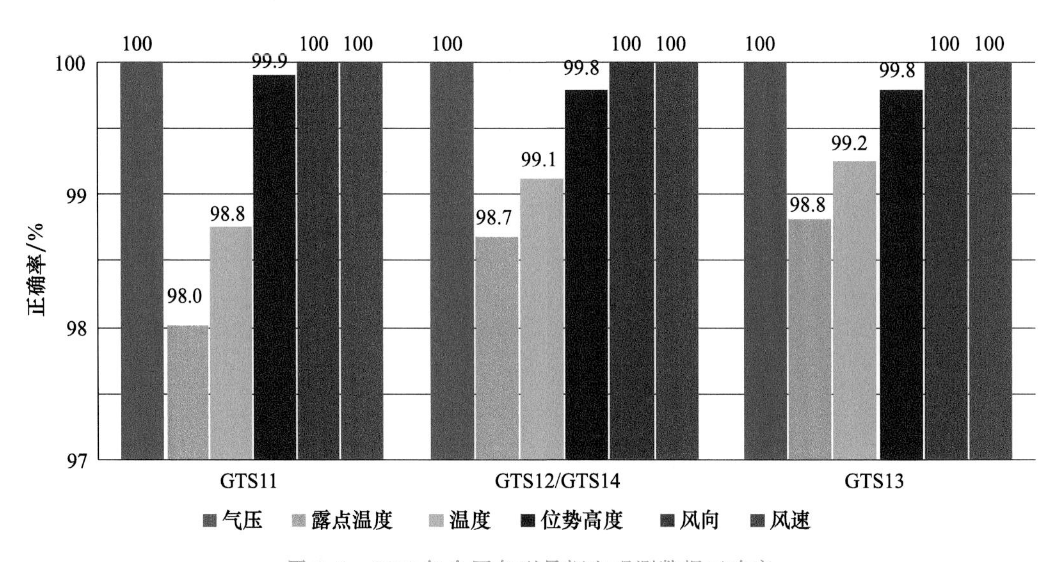

图2.9　2023年全国各型号探空观测数据正确率

四、GNSS/MET

2023年，全国GNSS/MET站点观测数据正确率为95.5%，较2022年提升0.6个百分点，达到评估指标(≥90%)。除1月外，各月数据正确率均达到评估标准(≥90%)，最高为98.8%(6月)，最低为77%(1月)，详见图2.11。2023年，全国GNSS/MET观测典型质量问题主要由数据传输故障、设备故障、探测环境不良、数据格式错误等几类问题引起，详见图2.12。

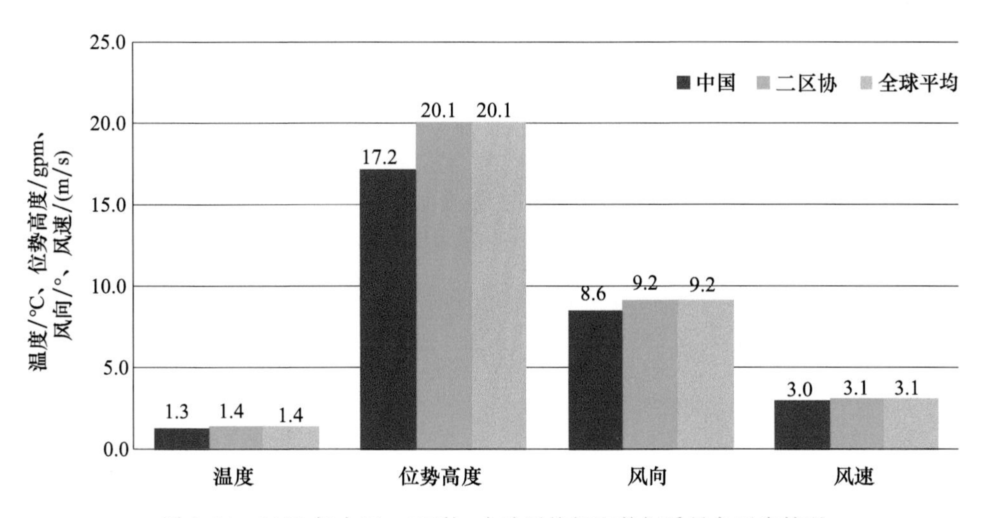

图 2.10　2023 年中国、二区协、全球平均探空数据质量各要素情况

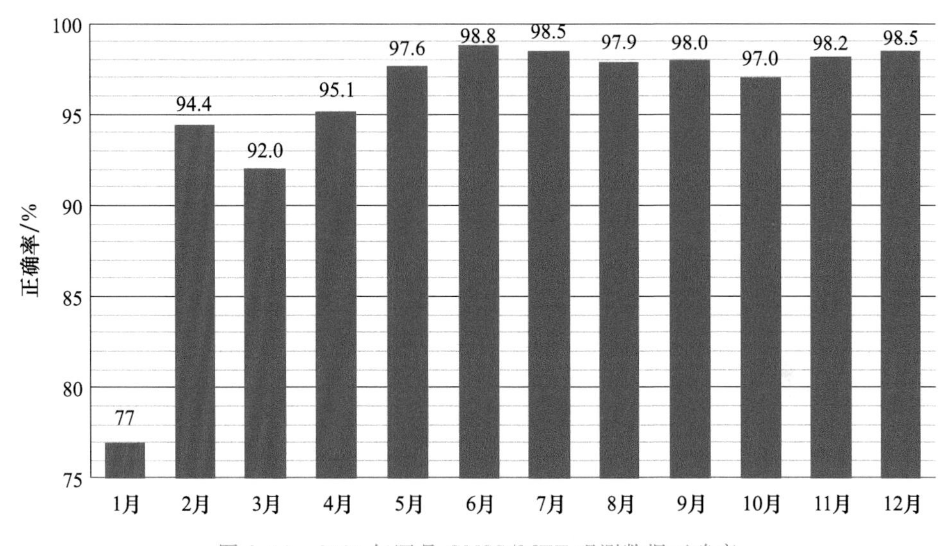

图 2.11　2023 年逐月 GNSS/MET 观测数据正确率

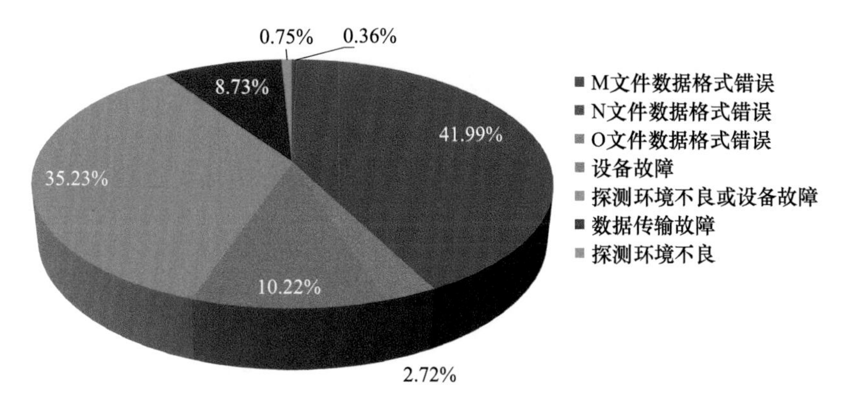

图 2.12　GNSS/MET 观测典型问题占比统计

五、雷电

2023 年全国雷电设备状态数据正确率达 96.5%,较去年提升 1.6 个百分点。各型号雷电观测数据正确率均达评估标准(≥85%)。其中,ADTD-2C、DDW1、ADTD-II 均达到 99%以上,ADTD 型最低,为 93.8%,详见图 2.13。导致雷电设备数据质量问题的原因以闪电信号处理和时间测量等工作状态检查异常为主,设备运行性能有待改进。2023 年,全国雷电状态数据自检问题占 60.6%,通过率检查占 16.4%,晶振问题占 16.0%,主要由部件老化、环境或自身干扰、设备或组件故障等引起,详见图 2.14。

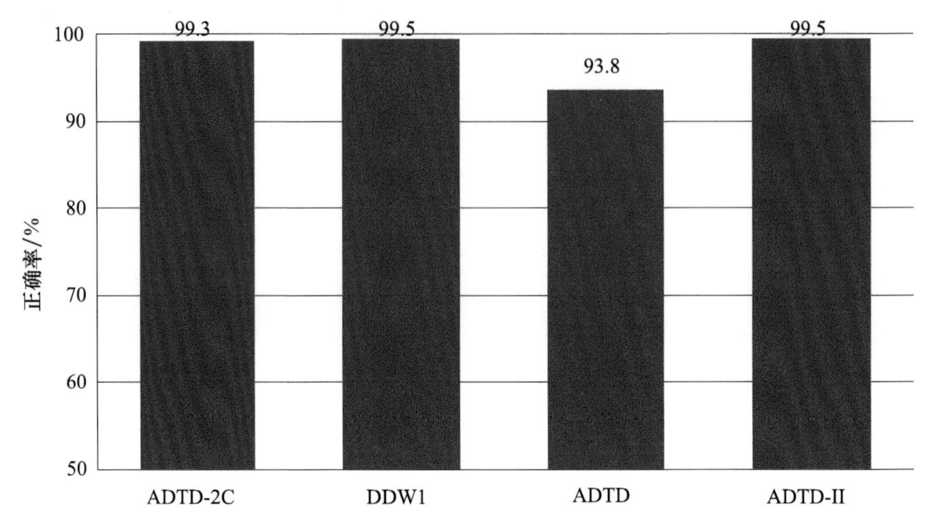

图 2.13 2023 年各型号雷电设备正确率

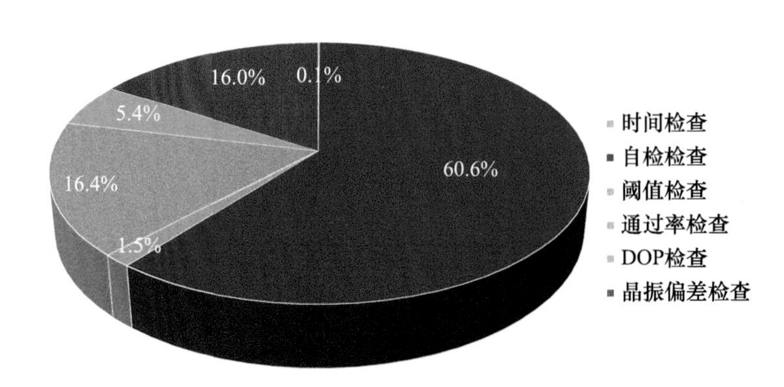

图 2.14 2023 年全国雷电数据质量问题占比统计

六、地面观测

2023 年,全国国家地面气象观测站观测数据正确率与 2022 年持平,全年均在 99%以上。逐月各要素平均正确率均达评估标准(≥98%),在 99.9%以上,详见图 2.15。根据地面各观测要素统计结果,极大风向、最高地温、最低地温、最小相对湿度、地温、1 h 降水量、相对湿度等要素的数据质量疑误量相对较多,分别占疑误总量的 19.5%、11.3%、10.4%、7.9%、7%、4.9%和 4.7%,详见图 2.16。

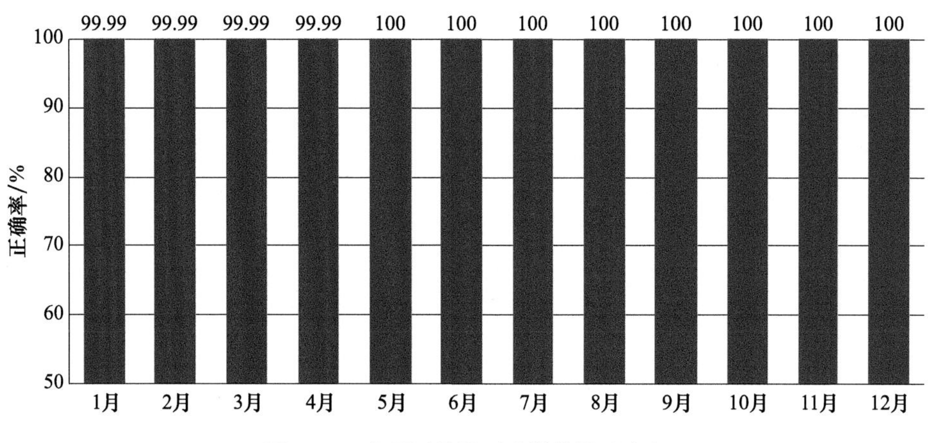

图 2.15　全国逐月地面观测数据正确率

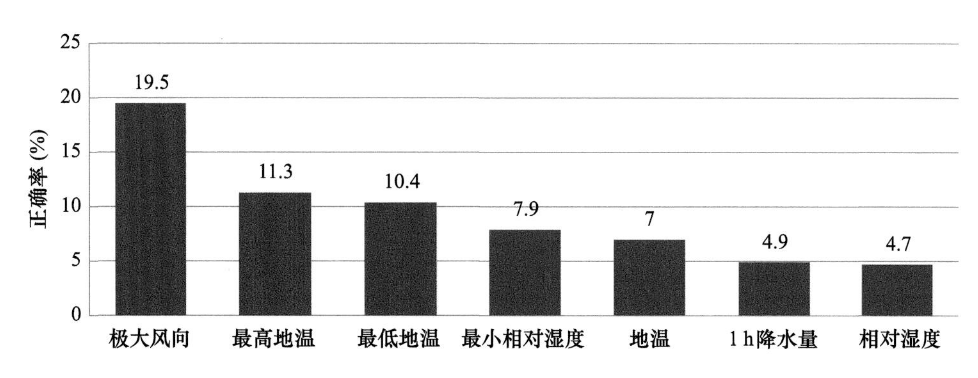

图 2.16　各类观测要素疑误量统计

七、土壤水分

2023 年，自动土壤水分观测数据正确率为 99.9%，较 2022 年提升 0.1 个百分点。DZN1 型、DZN2 型和 DZN3 型数据质量均达到评估标准。与 2022 年相比，DZN1 型数据质量提升 0.1 个百分点，详见图 2.17。

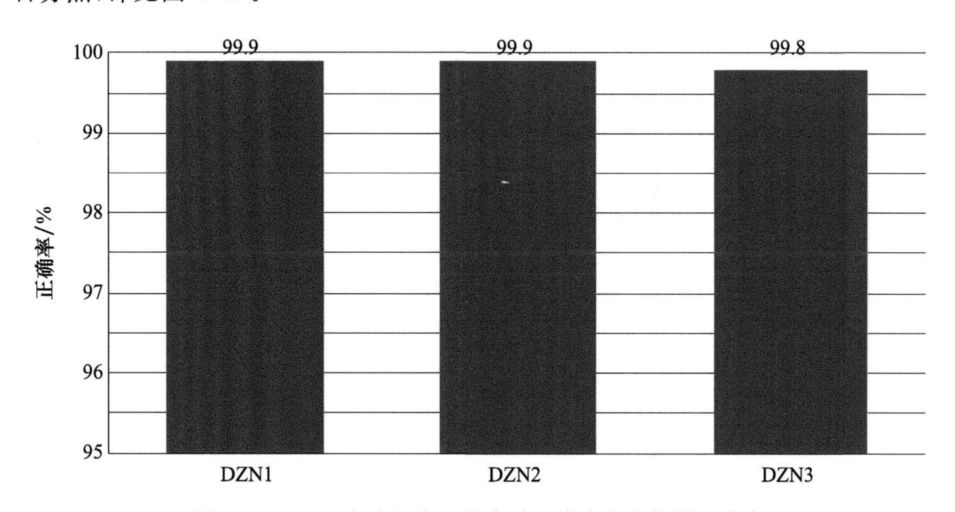

图 2.17　2023 年全国各型号自动土壤水分站数据正确率

土壤水分数据质量问题主要由设备故障或性能下降、传感器标定漂移和土壤水文物理常数漂移引起。在 2023 年全国土壤水分数据质量问题中，设备故障或性能下降占 61%，传感器标定参数漂移占 10%，土壤水文物理常数漂移占 29%，详见图 2.18。

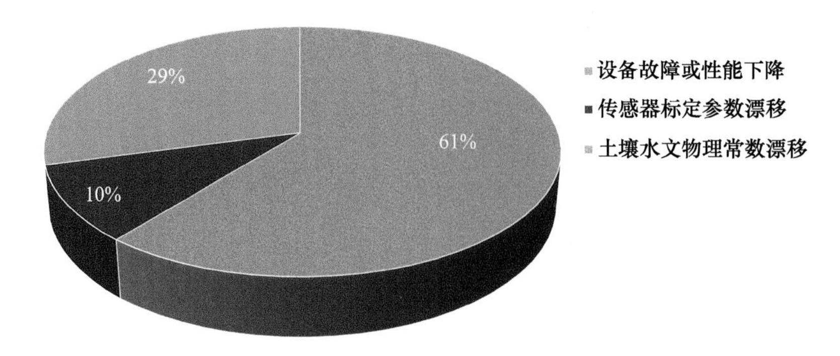

图 2.18　自动土壤水分观测数据质量问题占比统计

八、大气成分

2023 年，全国气溶胶质量浓度观测数据正确率为 97.5%，较 2022 年提升 2.5 个百分点，达到评估标准(≥80%)。各型号气溶胶质量浓度观测设备的数据正确率略有差异，XHPM3000 型最高，为 99.7%，TEOM 1400A 型最低，为 81.4%，详见图 2.19。

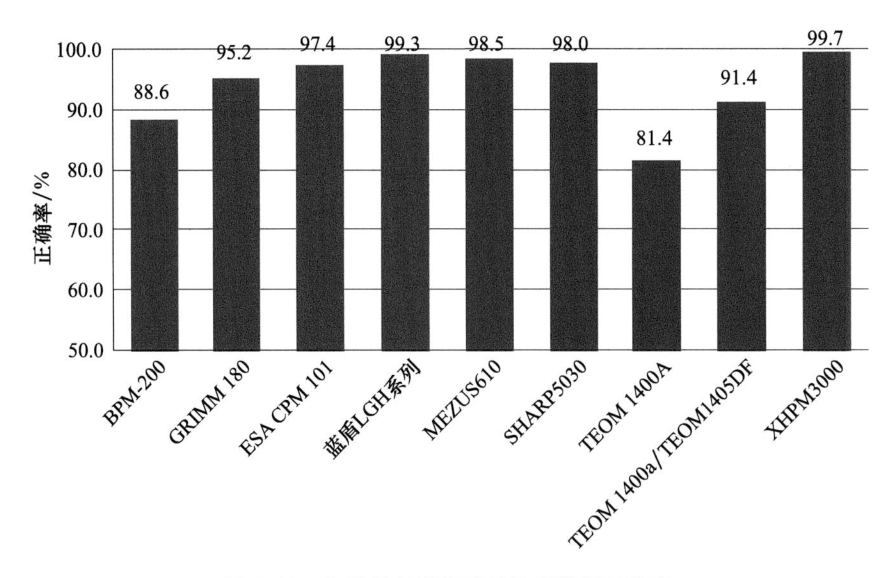

图 2.19　各型号气溶胶质量浓度数据正确率

2023 年，全国黑碳观测数据正确率为 92.5%，较 2022 年提升 4.0 个百分点。AE31 型数据正确率较去年提升 5.7%，AE33 型数据正确率较去年提升 0.2 个百分点，详见图 2.20。

2023 年，全国反应性气体观测数据正确率为 97.5%，较 2022 年提升 7.0 个百分点。各型号反应性气体观测数据正确率略有差异，EC 或多品牌组合最高，为 99.8%，TE 系列最低，为 96.3%，详见图 2.21。

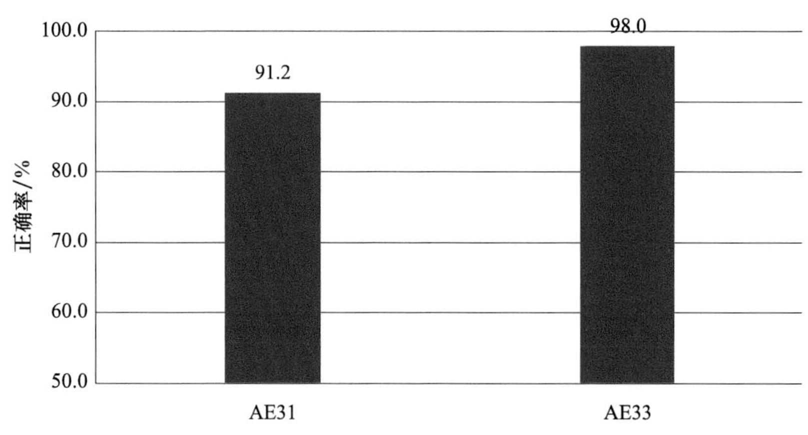

图 2.20　各型号(AE31、AE33)黑碳观测数据正确率

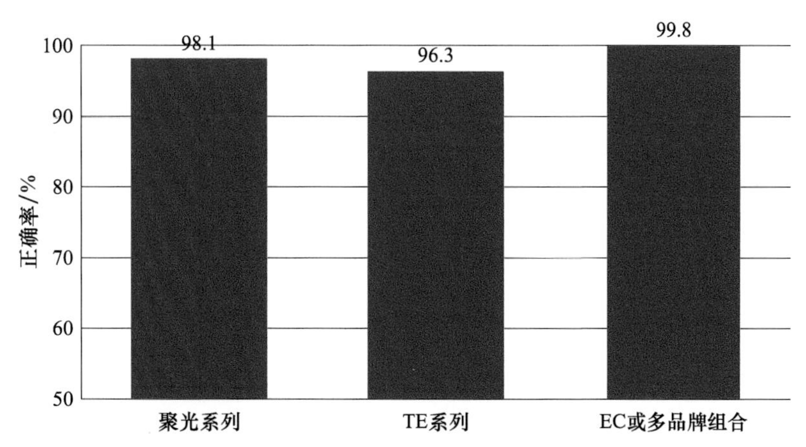

图 2.21　各型号反应性气体数据正确率

九、地基遥感垂直观测系统

2023 年 10—12 月，全国 17 个业务准入地基遥感垂直观测站中，毫米波测云仪数据正确率为 98.7%，均达到评估指标(≥85%)。其中，YLU2 型正确率最高，为 99.5%，YLU3 型最低，为 98.1%，详见图 2.22。

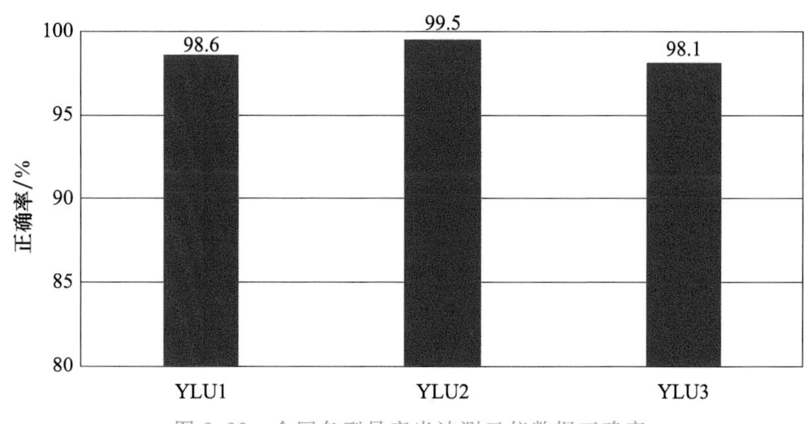

图 2.22　全国各型号毫米波测云仪数据正确率

2023年10—12月，全国17个业务准入地基遥感垂直观测站中，地基微波辐射计数据正确率为97.3%，均达到评估指标(≥85%)。其中，YKW1型正确率最高，为99%，YKW3型最低，为96.1%，详见图2.23。

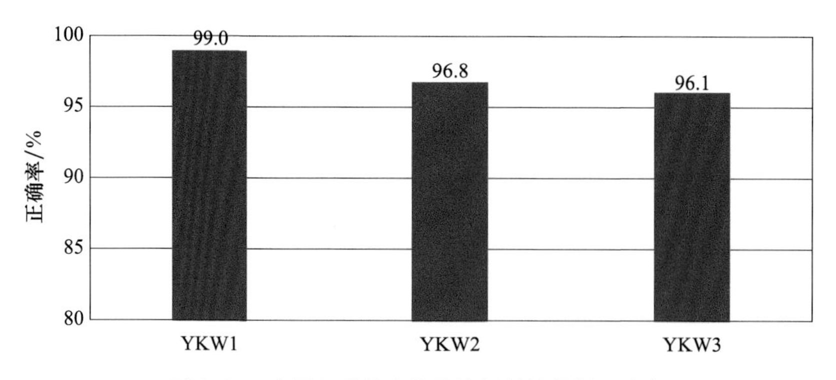

图2.23　全国各型号地基微波辐射计数据正确率

2023年10—12月，全国17个业务准入地基遥感垂直观测站中，气溶胶激光雷达数据正确率为93.4%，均达到评估指标(≥85%)。其中，正确率最高为93.5%(YLJ2型)，最低为93.3%(YLJ1型)，详见图2.24。

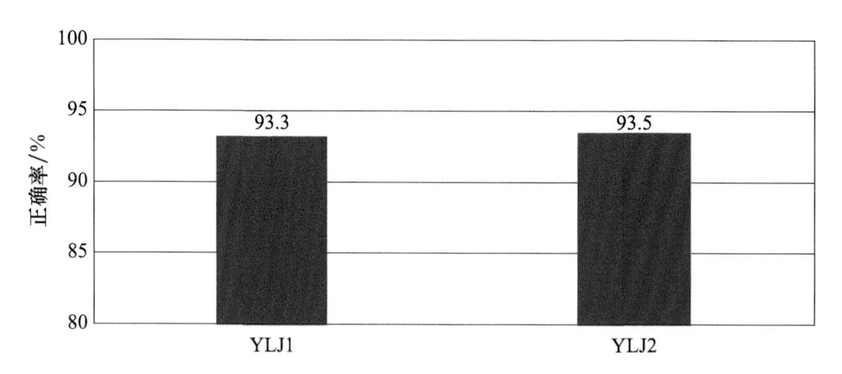

图2.24　全国各型号气溶胶激光观测仪数据正确率

第三章　观测网运行质量

根据《综合气象观测系统仪器装备运行质量通报办法》(气测函〔2023〕7号)，2023年度针对各类装备的评估方法进行了升级和调整，加入了数据产品质量的评估，因此各类装备的业务可用性评估结果相较往年有一定程度的下降，不具备可比性。

全国各类观测网平均业务可用性维持在较高水平。2023年新一代天气雷达平均业务可用性为98.99%，较2022年降低0.54个百分点。探空站点业务可用性均达到99.97%，较2022年降低0.03个百分点。雷电平均业务可用性为95.91%，较2022年下降2.78个百分点。国家级地面气象站平均业务可用性为99.44%，较2022年降低0.55个百分点。土壤水分平均业务可用性为99.32%，较2022年提升1.32个百分点。大气成分气溶胶质量浓度平均业务可用性为95.86%，较2022年提升1.87个百分点，如图3.1所示。

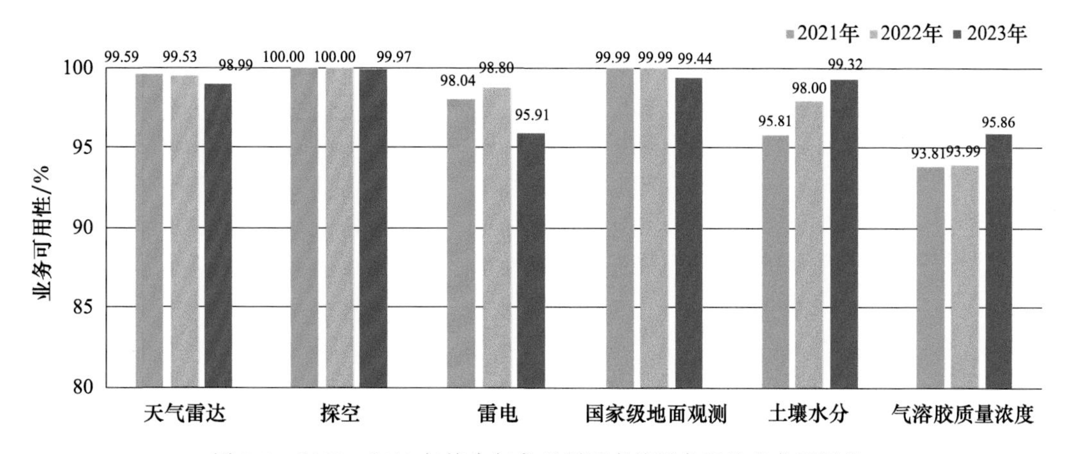

图3.1　2021—2023年综合气象观测网考核设备平均业务可用性

新纳入考核的四类设备风廓线、地基垂直遥感、海洋、GNSS/MET全年业务可用性如下。2023年全国业务运行的风廓线雷达平均业务可用性为95.89%。全国地基遥感垂直观测系统平均业务可用性为91%，高于地基遥感垂直观测业务可用性目标值(85%)，其中单站各设备业务可用性为：风廓线仪平均业务可用性为93.3%，毫米波测云仪平均业务可用性为92.8%，地基微波辐射计平均业务可用性为90.4%，气溶胶激光观测仪平均业务可用性为88.2%，GNSS/ MET观测仪平均业务可用性为89.7%，集成系统平均业务可用性为91.8%。全国海洋气象观测站平均业务可用性为94.43%，对比业务可用性目标值(75%)高出19.43%。GNSS/MET全年平均业务可用性为87.99%，低于中国气象局业务考核标准(92%)。

一、天气雷达

(一)新一代天气雷达

2023 年全国业务运行新一代天气雷达平均业务可用性为 98.99%，逐年变化情况如图 3.2 所示，业务可用性近 8 年均在 99.00%左右，呈高位稳定状态。

雷达平均故障持续时间为 4.21 h，较 2022 年减少了 2.09 h，逐年变化情况如图 3.3 所示，平均故障持续时间总体呈下降趋势。

雷达平均故障次数为 1.53 次，较 2022 年减少 0.36 次，总体呈下降趋势，逐年变化情况如图 3.4 所示。

2023 年，全国业务运行新一代天气雷达发射系统、天伺系统、通信系统、附属设备故障率较高，各分系统故障分布情况如图 3.5 所示。

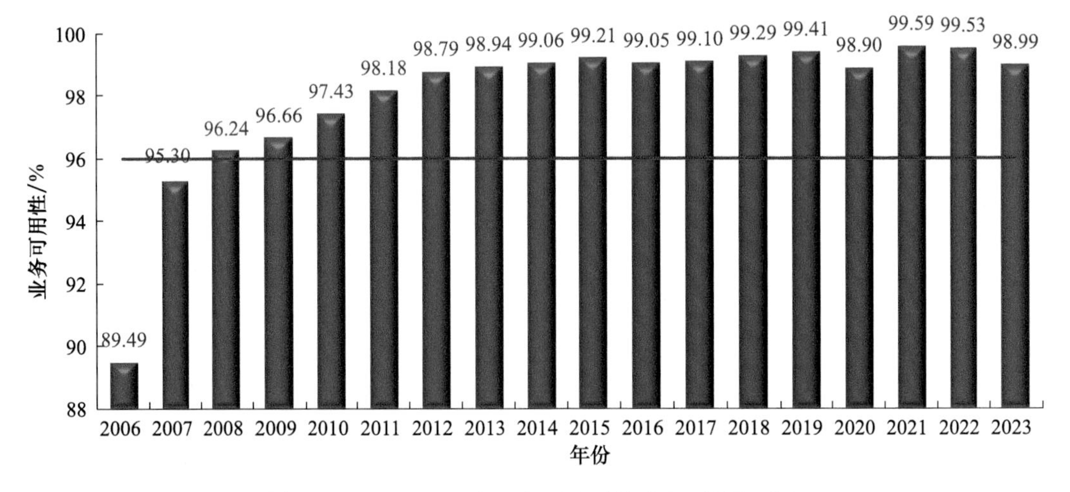

图 3.2　2006—2023 年天气雷达平均业务可用性对比

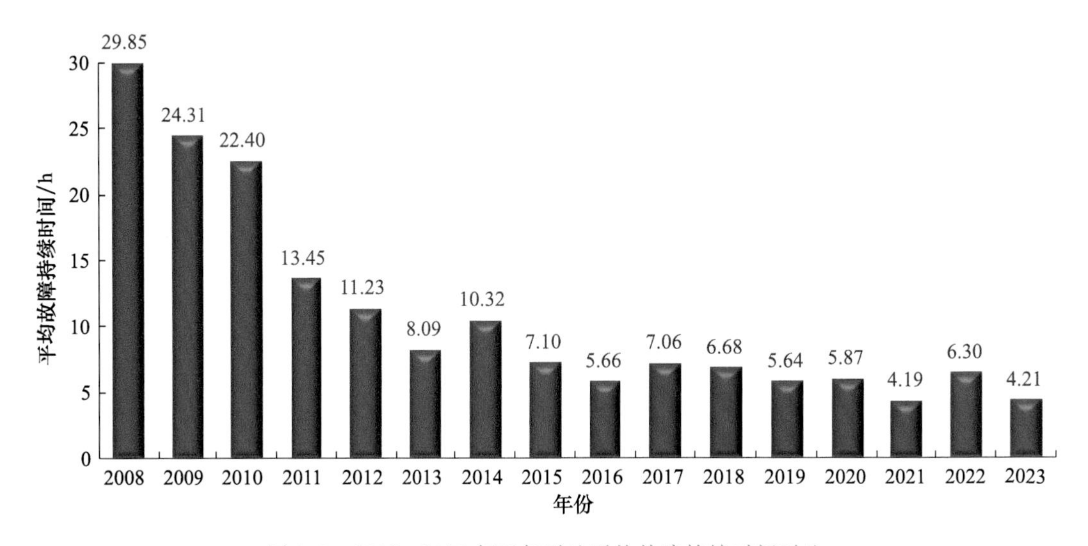

图 3.3　2008—2023 年天气雷达平均故障持续时间对比

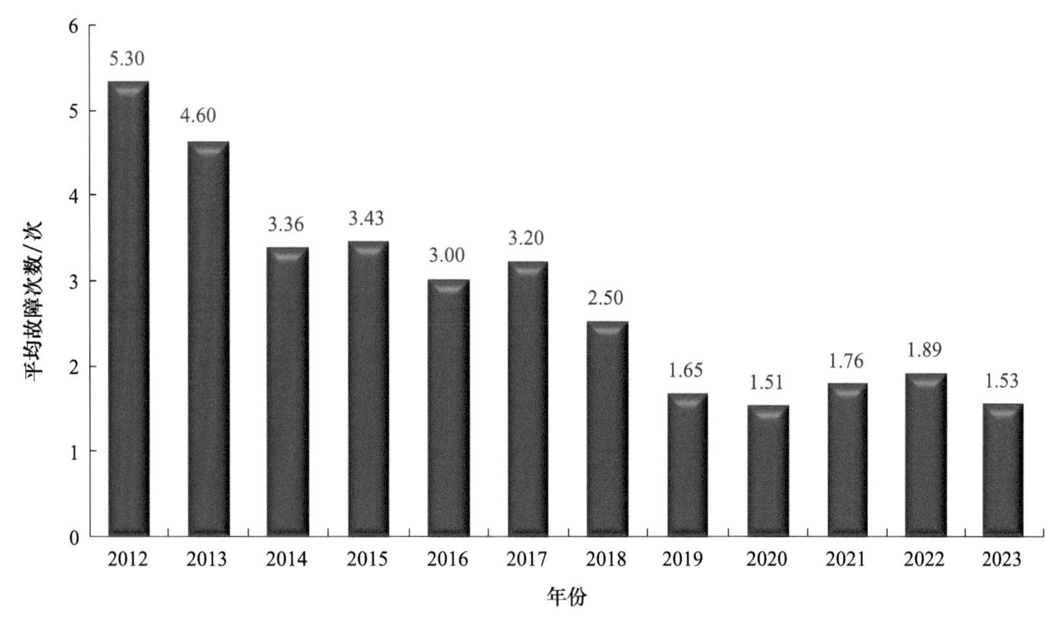

图 3.4　2012—2023 年天气雷达平均故障次数对比

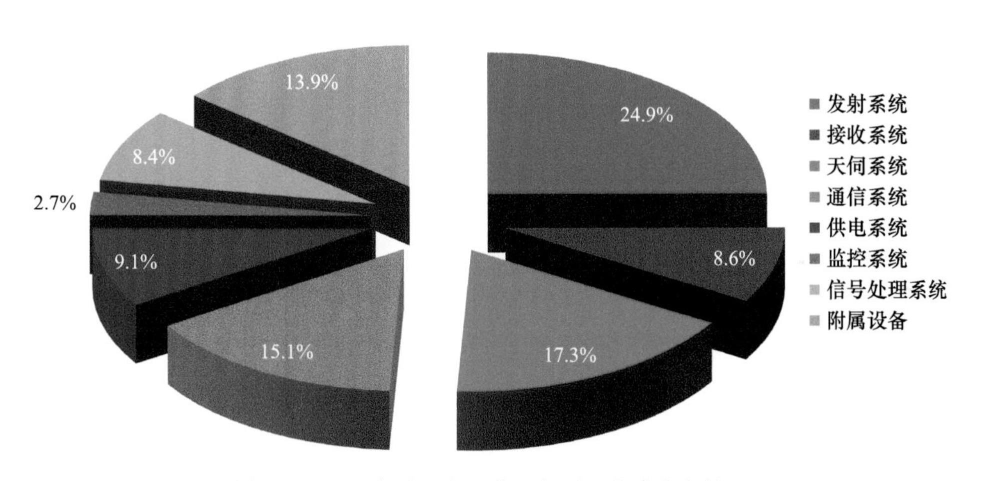

图 3.5　2023 年全国新一代天气雷达故障分布情况

1. 业务可用性

不同型号雷达业务可用性有差别，由图 3.6 可以看出，CC/CCD 型号雷达业务可用性偏低，主要由于该型号多部雷达如吉林白山、新疆精河雷达故障时间长造成，其故障时间分别为 138.32 h、116.55 h。

2. 平均故障持续时间

各型号雷达平均故障持续时间如图 3.7 所示。CB 型号雷达平均故障持续时间较短；SB/SBD 型号雷达平均故障持续时间相对较长，主要原因是该型号部分业务运行的雷达故障持续时间较长。其中，SB 型号广西百色故障累计持续时间为 109.92 h。

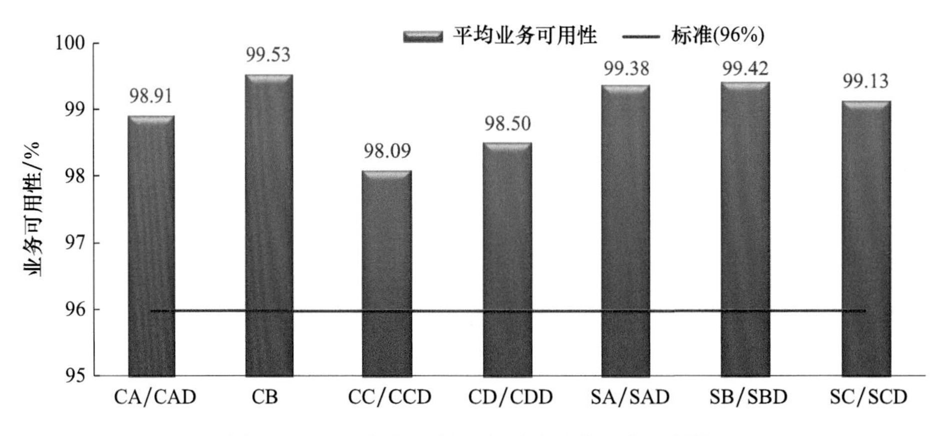

图 3.6　2023 年各型号天气雷达平均业务可用性

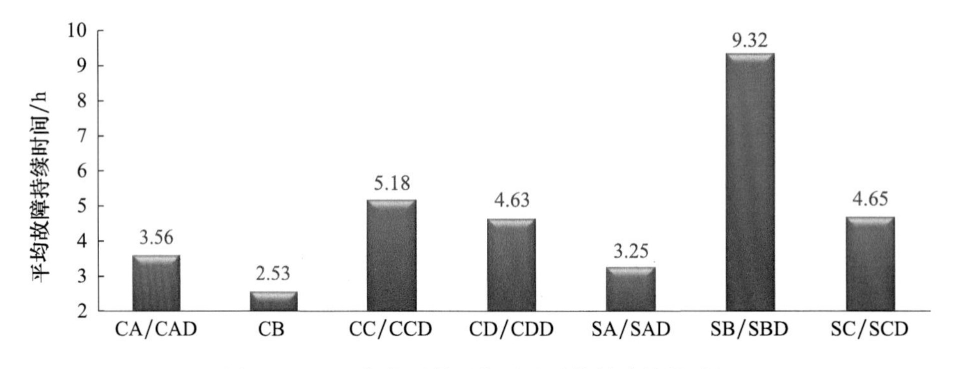

图 3.7　2023 年各型号天气雷达平均故障持续时间

3. 故障次数

各型号雷达平均故障次数如图 3.8 所示。由图可知,SB/SBD 型号雷达平均故障次数较少,CD/CDD 型号雷达平均故障次数较多。西藏那曲、内蒙古呼和浩特雷达高频率地发生故障对该型号雷达平均故障次数影响较大,其故障次数分别为 20 次和 14 次。

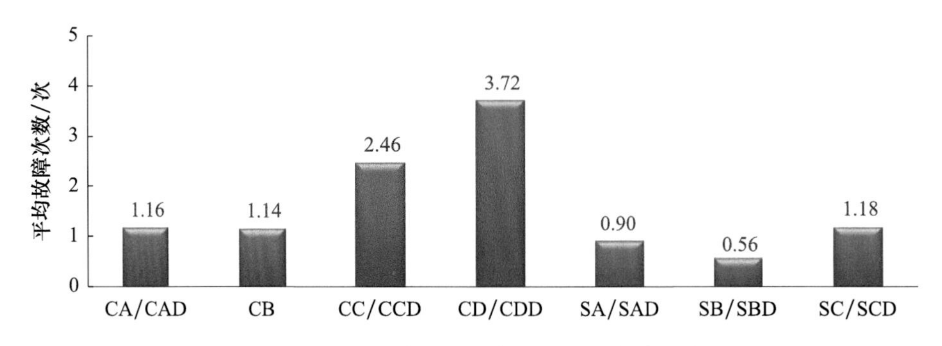

图 3.8　2023 年各型号天气雷达平均故障次数

4. 故障分布

各型号雷达故障分布情况如图 3.9 所示。

CA/CAD 型号雷达天伺、发射系统故障率较高,分别为 27.6%和 24.1%。

CB 型号雷达信号处理、供电系统故障率较高,分别为 29.4%和 23.5%。

CC/CCD 型号雷达发射、通信系统故障率较高，分别为 28.1%和 15.8%。

CD/CDD 型号雷达发射、天伺系统故障率较高，分别为 24.5%和 20.2%。

SA/SAD 型号雷达天伺、发射、通信系统故障率较高，分别为 27.2%、25.2%和 14.6%。

SB/SBD 型号雷达天伺系统故障率较高，为 66.7%。

SC/SCD 型号雷达通信、发射系统故障率较高，分别为 35.7%和 21.4%。

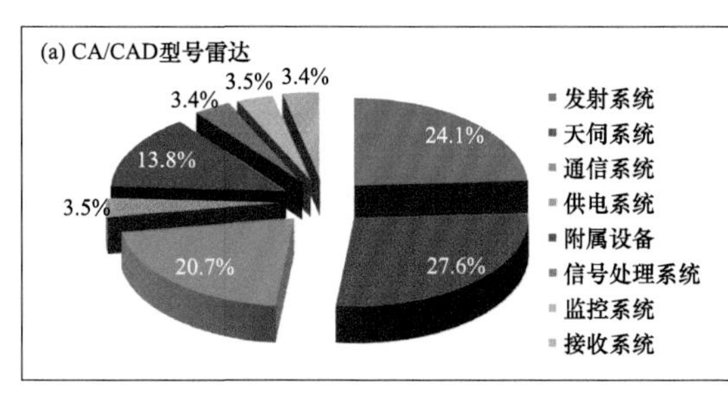

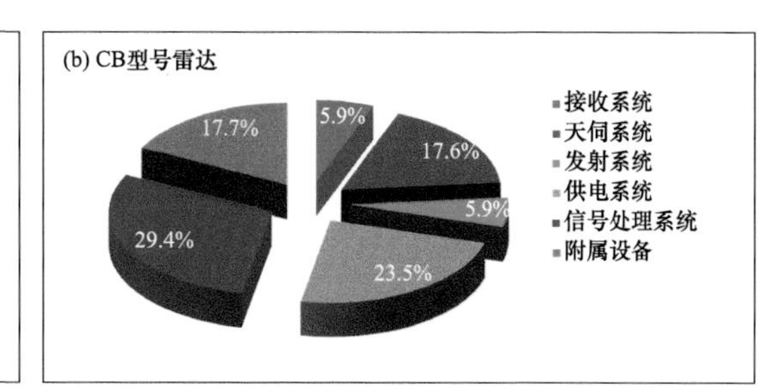

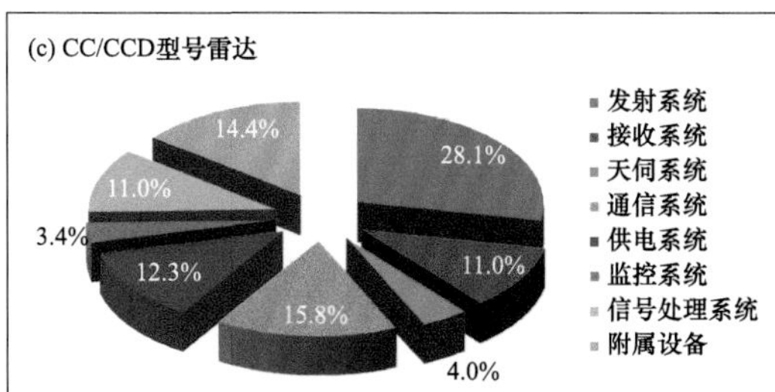

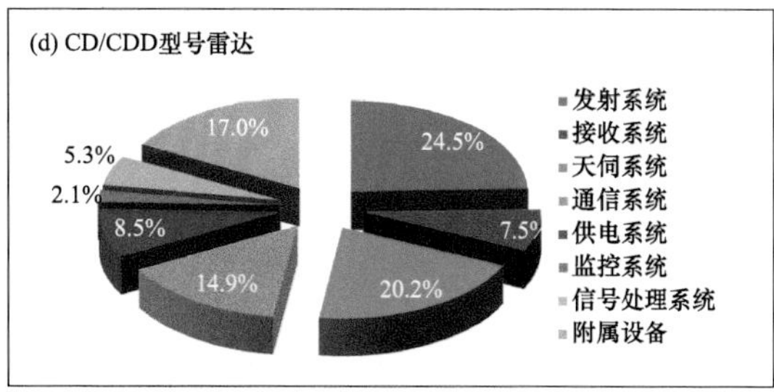

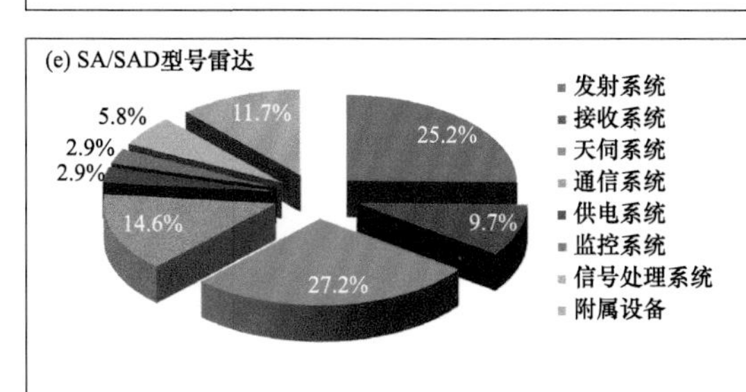

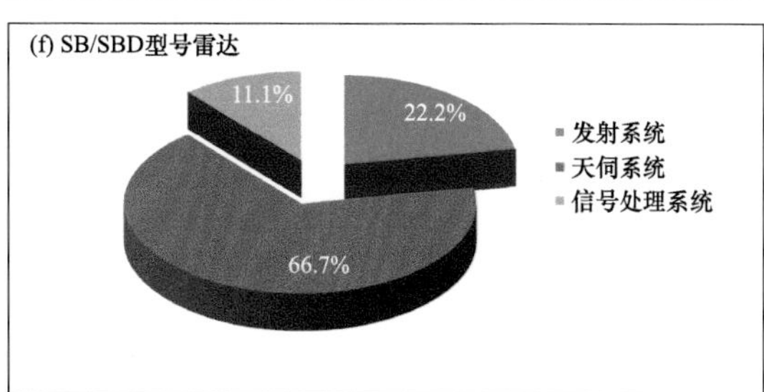

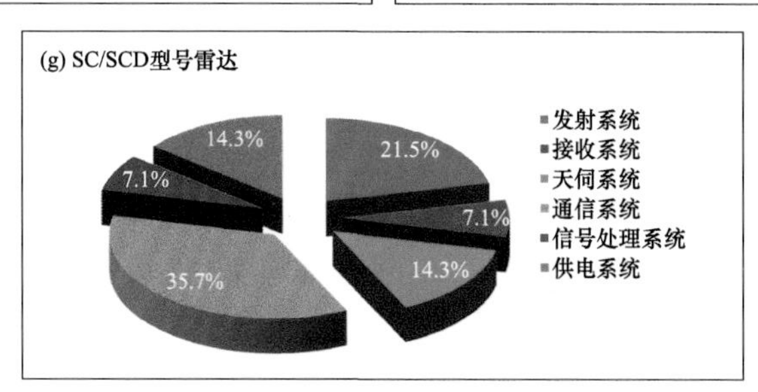

图 3.9 2023 年各型号天气雷达故障分布情况

（二）风廓线雷达

2023 年全国业务运行风廓线雷达平均业务可用性为 95.89%，平均无故障工作时间为 3886.73 h，平均故障持续时间为 12.74 h，平均故障次数为 2.61 次。

2023 年，全国业务运行的风廓线雷达数据处理及应用终端、发射分系统、通信分系统故障率较高，各分系统故障分布情况如图 3.10 所示。

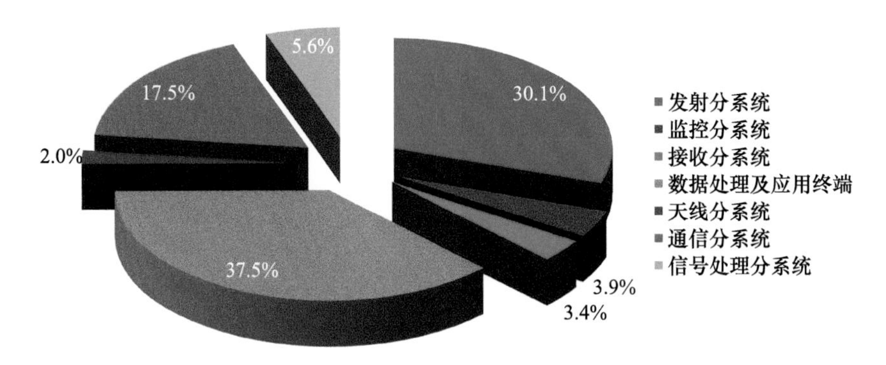

图 3.10　2023 年全国风廓线雷达故障分布情况

1. 业务可用性

不同型号风廓线雷达业务可用性略有差别，由图 3.11 可以看出，YKD2 型号雷达业务可用性偏低，主要由于该型号仅有 3 部雷达，分别在浙江嘉兴、湖州和义乌，嘉兴雷达故障时间长且业务运行总时间较短，其故障时间为 425 h，湖州和义乌缺报较长且业务运行总时间较短而造成的。

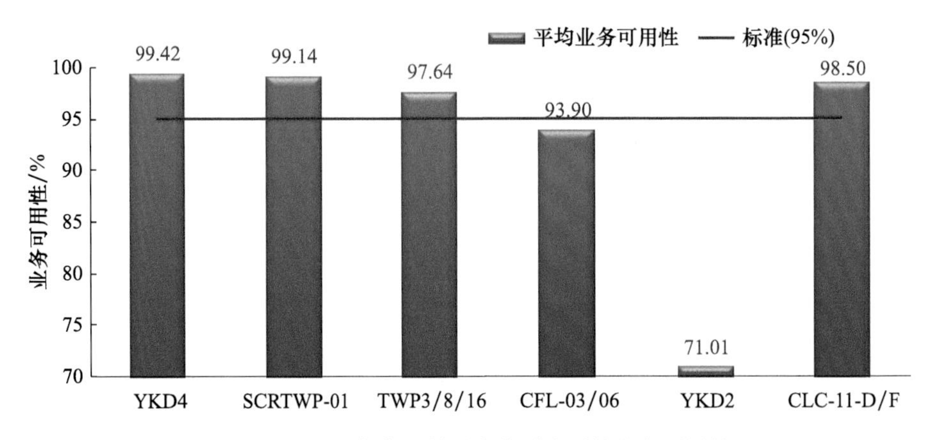

图 3.11　2023 年各型号风廓线雷达平均业务可用性

2. 平均故障持续时间

各型号雷达平均故障持续时间如图 3.12 所示。YKD4 型号雷达无故障；YKD2 型号雷达平均故障持续时间相对较长，主要原因是该型号仅有 3 部雷达，分别在浙江嘉兴、湖州和义乌，嘉兴雷达故障时间长，其故障时间为 425 h 而造成的。

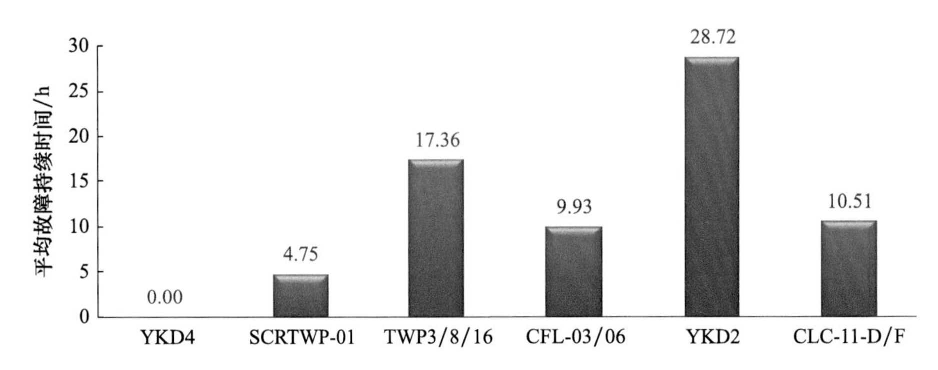

图 3.12　2023 年各型号风廓线雷达平均故障持续时间

3. 故障次数

各型号雷达平均故障次数如图 3.13 所示。YKD4 型号雷达无故障；SCRTWP-01 型号雷达平均故障次数较多，主要原因是该型号仅有 1 部雷达在山东青岛，其故障次数较多造成。

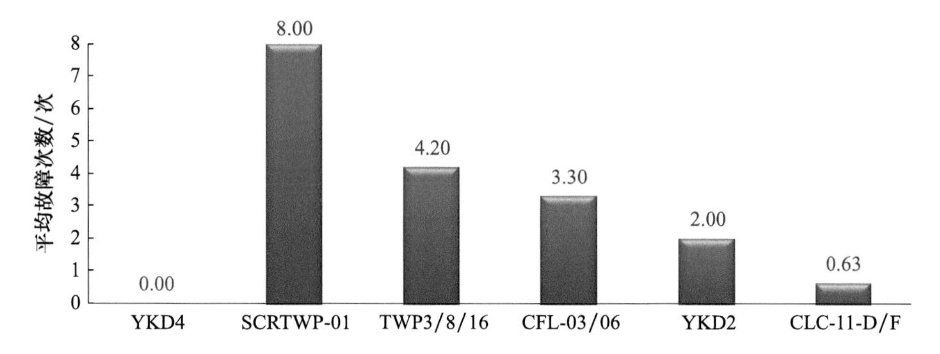

图 3.13　2023 年各型号风廓线雷达平均故障次数

4. 故障分布

YKD2 型号雷达仅有 1 次发射分系统故障。其他各型号雷达故障分布情况如图 3.14 所示。

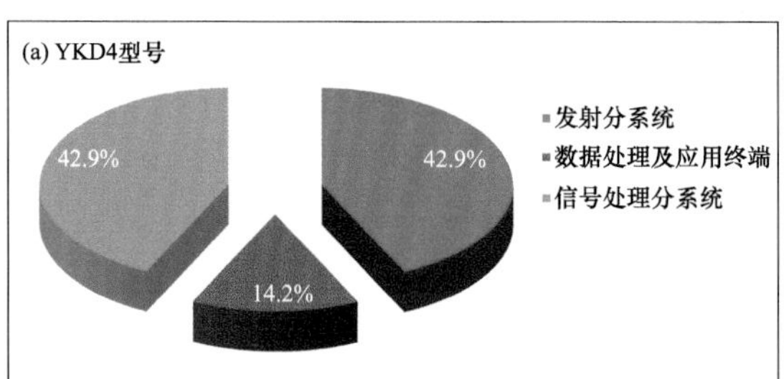

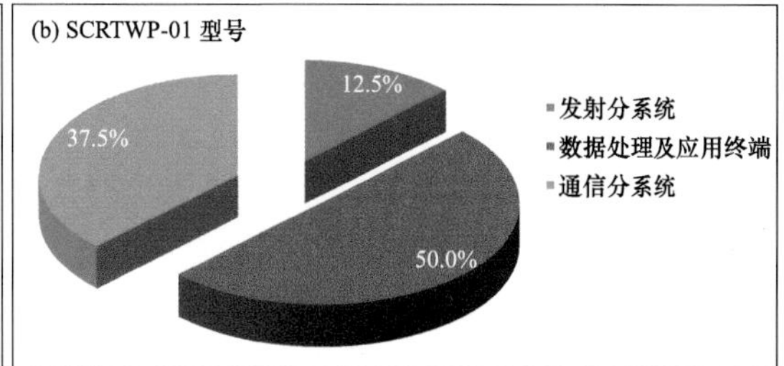

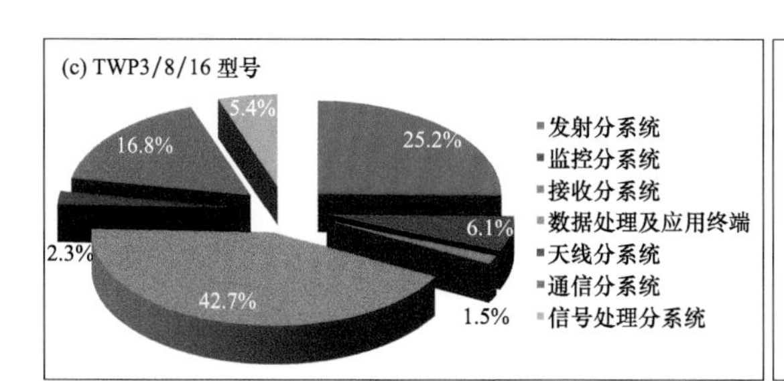

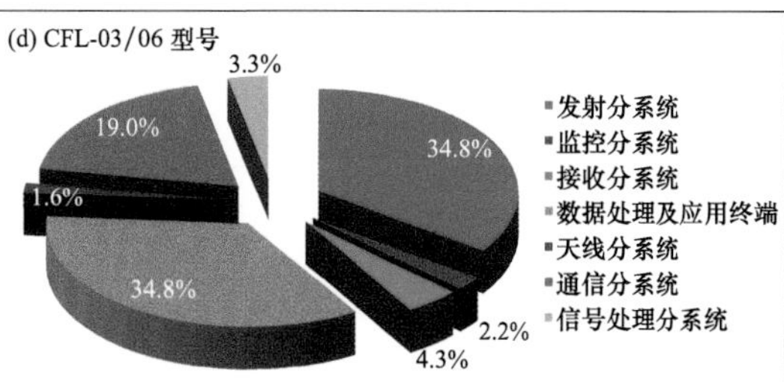

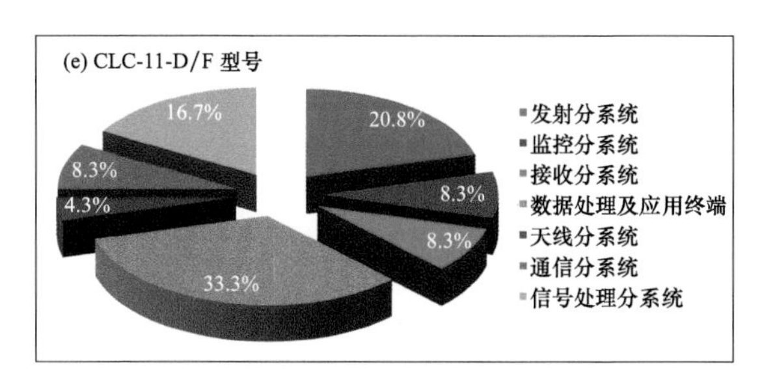

图 3.14　2023 年各型号风廓线雷达故障分布情况

YKD4 型号雷达发射、信号处理分系统故障率较高，均为 42.9%。

SCRTWP-01 型号雷达数据处理及应用终端和通信分系统故障率较高，分别为 50% 和 37.5%。

TWP3/8/16 型号雷达数据处理及应用终端和发射分系统故障率较高，分别为 42.7% 和 25.2%。

CFL-03/06 型号雷达数据处理及应用终端和发射分系统故障率较高，均为 34.8%。

CLC-11-D/F 型号雷达数据处理及应用终端和发射分系统故障率较高，分别为 33.3% 和 20.8%。

二、高空气象观测

(一)L 波段测风雷达

2023 年，全国 120 部 L 波段测风雷达故障统计结果见表 3.1，共发生故障 44 次，单站平均故障次数为 0.37 次/站。

表 3.1　2023 年 L 波段测风雷达故障统计表

设备名称	生产厂家	设备数量/台	平均故障次数/(次/站)	平均故障影响业务次数/(次/站)
L 波段测风雷达	南京大桥机器有限公司	120	0.37	0

(二)高空观测

2023 年，高空观测系统(一类)全国共有 120 个站，平均业务可用性为 99.97%，低于目标值 100%的站点有 90 站。

(三)探空仪和气象气球

1. 探空仪

评估时间内各厂家探空仪和单测风回答器综合评分见表 3.2。

表 3.2　2023 年各厂家探空仪和单测风回答器台站使用反馈评分表

设备型号	生产厂家	设备数量/个	台站使用反馈评分
GTS12(GTS14)	上海长望气象科技股份有限公司	34162	84.48
GTD1		4816	98.24
GTS13	太原无线电一厂有限公司	34060	87.00
GTD2		3102	97.64
GTS11	南京大桥机器有限公司	19190	88.34
GTD3		1646	98.59

注：此项只针对高空装备运行状况统计进行评分。

根据统计，共施放探空仪 87412 个，故障探空仪 3633 个，故障率为 4.16%；施放单测风回答器 9564 个，故障单测风回答器 99 个，故障率为 1.04%。

2023 年各厂家探空仪和单测风回答器故障率统计和台站总评分见表 3.3。

表 3.3 2023 年各厂家探空仪和单测风回答器故障率统计表

生产厂家	型号（规格）	施放数/次	问题仪器/次	故障率/(按次/%)	故障率/(每月故障率/%)	台站总评分
上海长望气象科技股份有限公司	GTS12（GTS14）	34162	1394	4.08	0.34	84.48
	GTD1	4816	36	0.75	0.06	98.24
太原无线电一厂有限公司	GTS13	34060	1308	3.84	0.32	87.00
	GTD2	3102	43	1.39	0.12	97.64
南京大桥机器有限公司	GTS11	19190	931	4.85	0.40	88.34
	GTD3	1646	20	1.22	0.10	98.59

根据统计，2023 年 3633 次探空仪故障中，传感器故障 4710 次（按单传感器统计）。各厂家故障原因情况见表 3.4。

表 3.4 2023 年各厂家探空仪故障原因统计表

生产厂家	型号（规格）	问题仪器/次	问题传感器/次	传感器变性/次	信号差/次	无信号/突失/次
上海长望气象科技股份有限公司	GTS12（GTS14）	1394	1578	160	0	381
太原无线电一厂有限公司	GTS13	1308	1967	195	4	336
南京大桥机器有限公司	GTS11	931	1165	225	2	208

传感器故障（按要素统计）中，各厂家故障主要是湿度和温度传感器故障引起的。见表 3.5。

表 3.5 2023 年各厂家探空仪传感器故障分布情况表

生产厂家	型号（规格）	问题传感器/次	温度传感器/次	气压传感器/次	湿度传感器/次
上海长望气象科技股份有限公司	GTS12(GTS14)	1578	565	421	592
太原无线电一厂有限公司	GTS13	1967	814	476	677
南京大桥机器有限公司	GTS11	1165	511	307	347

2. 气象气球

2023 年 1—12 月，各厂家气象气球综合评分见表 3.6。

表 3.6 2023 年各厂家气象气球台站使用反馈评分表

设备型号	生产厂家	设备数量/个	台站使用反馈评分
750	中国化工橡胶株洲研究设计院有限公司	57240	86.09
300		6357	92.60
1600		5867	73.15
750	广州双一气象器材有限公司	25256	88.06
300		2490	96.49

根据统计,2023 年度 120 个高空站施放的气象气球生产厂家和型号(规格)分别为中国化工橡胶株洲研究设计院气象气球(含 750 g、300 g 和 1600 g)、广州市双一气象器材有限公司气象气球(含 750 g 和 300 g)。

2023 年度共施放气象气球 97210 个,不合格次数为 17790 次,不合格率为 18.30%。

2023 年度不合格次数和故障情况统计见表 3.7。

表 3.7 2023 年气象气球运行状况统计表

生产厂家	型号(规格)	施放数/次	不合格数/次	不合格率/%	台站总评分
中国化工橡胶株洲研究设计院	750g	57240	10259	17.92	86.09
	300g	6357	1241	19.52	92.60
	1600g	5867	1764	30.07	73.15
广州市双一气象器材有限公司	750g	25256	4270	16.91	88.06
	300g	2490	256	10.28	96.49

三、地面气象观测

(一)国家级地面气象观测站

2023 年 1 月 1 日至 12 月 31 日纳入评估的 10962 套国家级地面气象观测站业务可用性为 99.44%,比中国气象局业务考核标准 98.50%高出 0.94%。从图 3.15 可以看出,近几年国家级台站自动气象站业务可用性基本呈高位稳定趋势,但 2023 年度国家级地面气象观测站业务可用性较前几年有所下降,主要原因有较往年的国家级自动站评估范围增加了国家无人值守站,另外,对国家有人站评估也增加了状态数据和观测数据质量的内容。

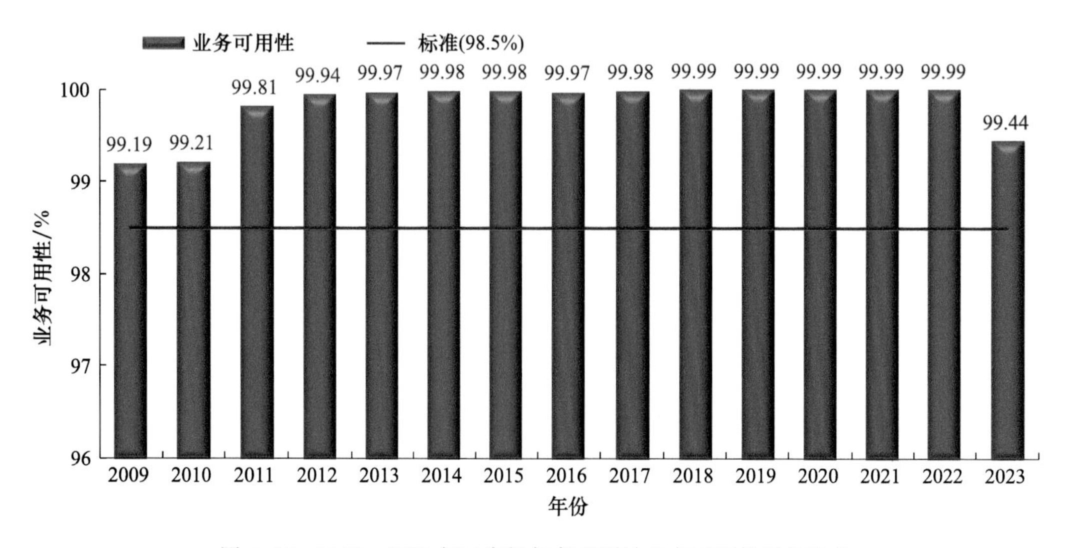

图 3.15 2009—2023 年国家级气象观测站业务可用性逐年变化

根据综合气象观测业务运行信息化平台中国家级有人值守站与国家级无人值守站的故障维修记录统计结果,2023 年国家级气象观测站共出现故障 7878 站次(7957 个故障点),从故障分类统计结果可以看出，如图 3.16 所示，传感器、供电系统、通信系统和采集器故障出现频率较高，约占 92.73%。

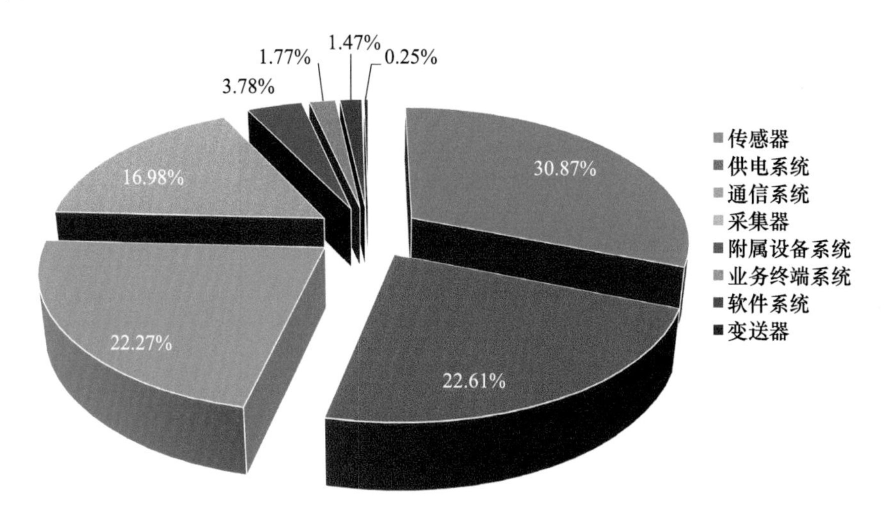

图 3.16　2023 年国家级地面气象观测站设备故障统计

1. 业务可用性

如图 3.17 所示，从各设备型号的运行情况来看，华云升达、中环天仪、广东省气象计算机应用开发研究所（简称广东研究所）、航天新气象、上海气象仪器厂有限公司（简称上海气象）平均业务可用性均超过中国气象局业务考核标准（98.50%）且相差不大，长春气象业务可用性（39.99%）低于考核标准，这主要是因为使用该厂家设备的 9 个国家级站中有 4 个站业务可用性为“0”，各厂家中广东研究所业务可用性相对较高（99.85%）。

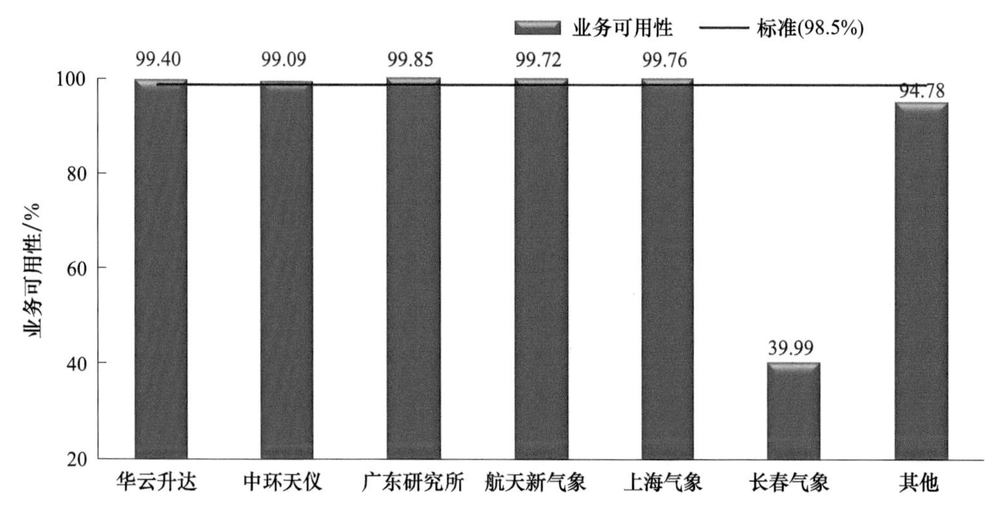

图 3.17　2023 年国家级地面气象观测站各厂家业务可用性

2. 数据质量

如图 3.18 所示，影响国家级地面气象观测站数据质量的主要是数据未到和数据错误（要素缺测）。从各厂家平均数据质量情况对比看，广东研究所与上海气象数据质量较好；长春气象平均数据未到时次较长，为 2631.2 h，主要原因是使用该厂家设备的 9 个国家级站中有 4 个站全部应到时次数据未到；华云升达平均数据错误(要素缺测)时次较长，为 6.07 h。

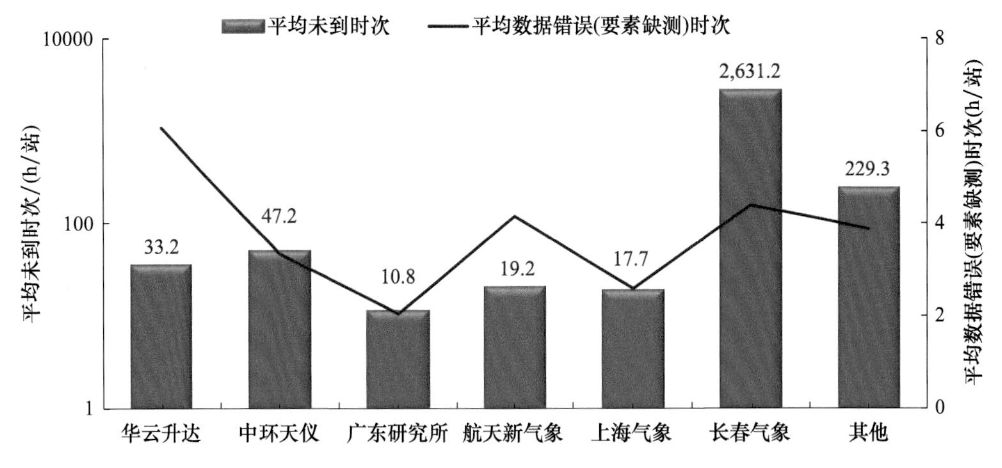

图 3.18 2023 年国家级地面气象观测站各设备生产厂家平均数据质量情况

3. 设备故障

如图 3.19 所示，从各厂家设备故障情况看，广东研究所设备故障发生频率较高，单站平均故障次数为 1.4 次；华云升达平均故障持续时间较长，约为 18.34 h，这是由于使用该厂设备的黑龙江宁安小北湖林场国家气象观测站(CAWS600)和陕西略阳观音寺国家气象观测站(CAWS600-RT)曾出现 1993.8 h 和 1036.0 h 的长时间设备故障导致的。应用长春气象设备的黑龙江森工因未在系统填报相关维修记录，统计结果均为 0。

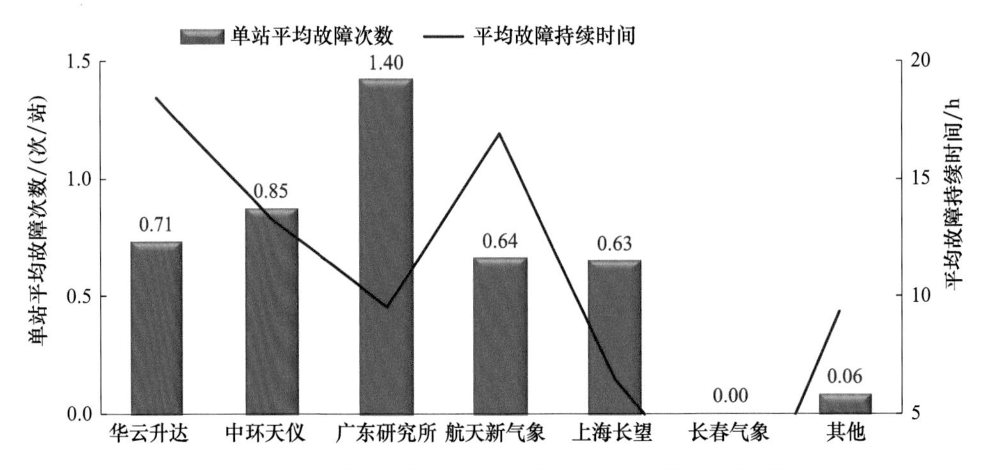

图 3.19 2023 年国家级地面气象观测站各厂家设备故障情况

(二)省级地面气象观测站

2023 年 1 月 1 日至 12 月 31 日纳入评估的 51709 套省级地面气象观测站业务可用性为 99.11%，比中国气象局业务考核标准 96.00%高出 3.11%。从图 3.20 可以看出，2023 年度省级地面气象观测站业务可用性较前几年有所下降，主要原因是新的考核规则下，考核级别为“二类”的站点包含了往年的“区域站”。

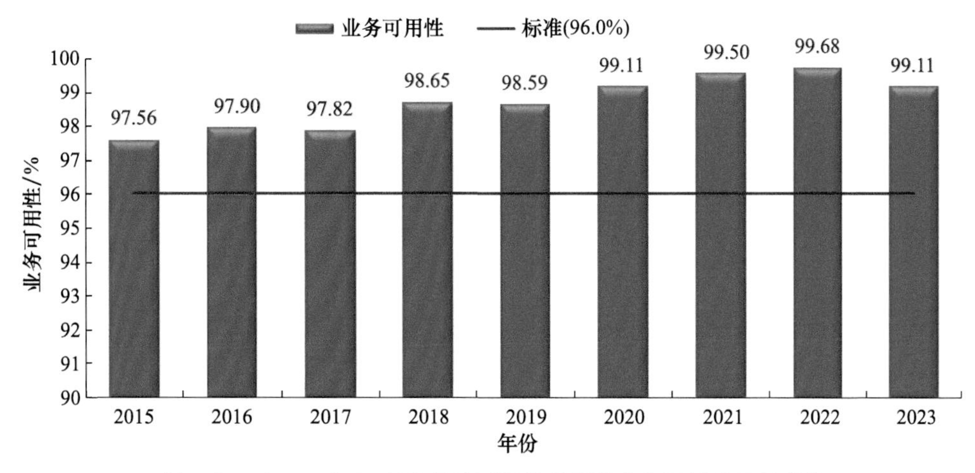

图 3.20　2015—2023 年省级地面气象观测站业务可用性逐年变化

根据综合气象观测业务运行信息化平台省级台站自动气象站故障维修记录统计结果表明，2023 年省级台站自动气象站共出现故障 15889 站次(16013 个故障点)，从故障分类统计结果来看，如图 3.21 所示，供电系统、通信系统、传感器和采集器故障出现频率较高，约占 97.31%。

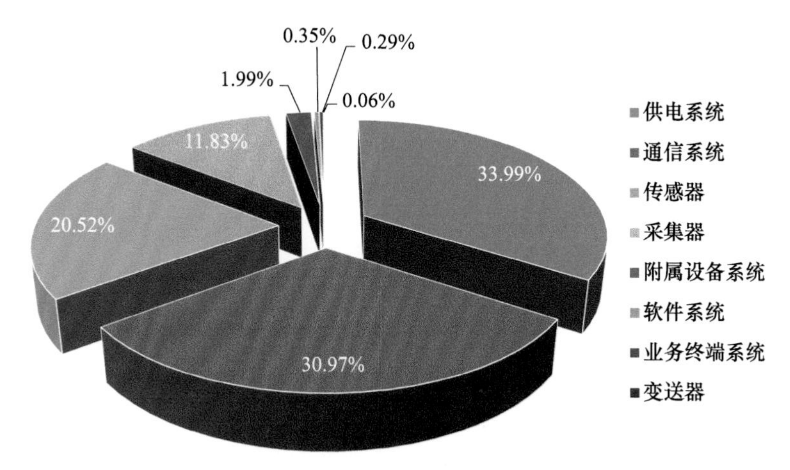

图 3.21　2023 年省级地面气象观测站设备故障统计

1. 业务可用性

如图 3.22 所示，从各厂家设备的运行情况来看，平均业务可用性均超过中国气象局业务考核标准(96.00%)且相差不大，相比较而言，航天新气象(98.90%)和华云升达(99.17%)业务可用性稍偏低，各厂家中广东研究所业务可用性相对较高(99.86%)。

2. 数据质量

如图 3.23 所示，影响省级地面气象观测站数据质量的主要是数据未到和数据错误(要素缺测)。从各厂家设备平均数据质量情况对比看，航天新气象单站平均数据缺报时次较长，为 42.5 h，其中湖北监利三洲站、西藏改则珠玛日省级应用气象观测站(生态)等多个“二类”省级站数据未到时次在 6000 h 以上；华云升达数据错误(要素缺测)时次较长，为 8.85 h，其中新疆库尔勒市上库石油石化园气象观测站、宁夏贺兰县贺兰口沟纵深气象观测站等站数据错误(要素缺测)在 3000 h 以上。

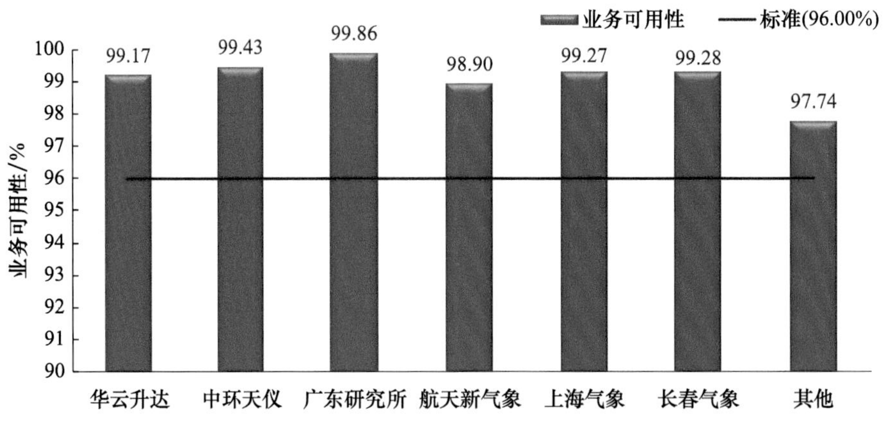

图 3.22 2023 年省级地面气象观测站各厂家业务可用性

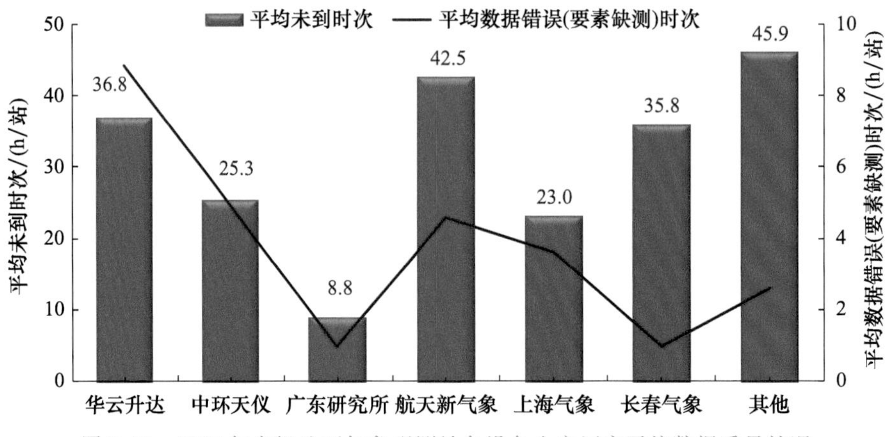

图 3.23 2023 年省级地面气象观测站各设备生产厂家平均数据质量情况

3. 设备故障

如图 3.24 所示，从各厂家设备故障情况看，广东研究所的设备故障发生频率较高，单站平均故障次数为 0.68 次；长春气象的设备平均故障持续时间较长，约为 71.86 h，使用长春气象设备的内蒙古土默特左旗金山气象观测站和黑龙江桦川创业乡中山村气象观测站曾出现 912.1 h 和 867 h 的长时间设备故障。

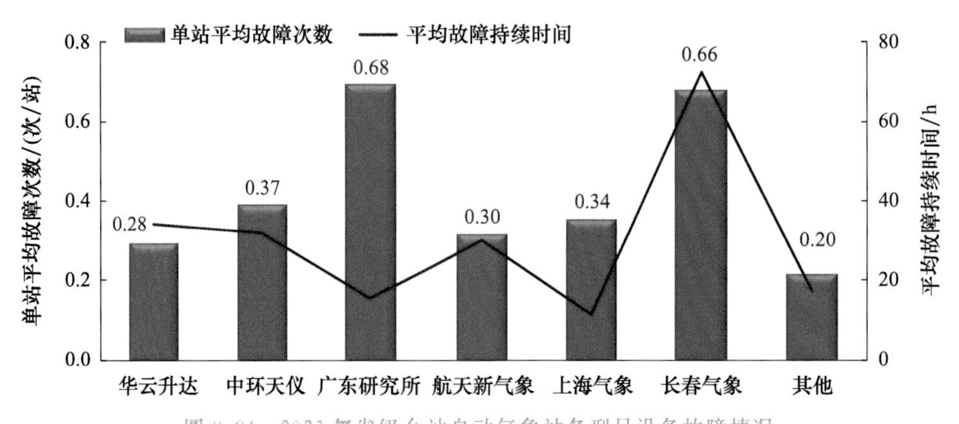

图 3.24 2023 年省级台站自动气象站各型号设备故障情况

四、地基遥感垂直观测

2023年1月1日至12月31日，纳入综合气象观测业务运行信息化平台监控和评估的49套地基遥感垂直观测系统平均业务可用性为91%，高于地基遥感垂直观测业务可用性目标值(85%)，有5个站点平均业务可用性低于目标值。全国单站各设备业务可用性如下：风廓线仪平均业务可用性为93.3%，毫米波测云仪平均业务可用性为92.8%，地基微波辐射计平均业务可用性为90.4%，气溶胶激光观测仪平均业务可用性为88.2%，GNSS/MET观测仪平均业务可用性为89.7%，集成系统平均业务可用性为91.8%。

(一)风廓线仪

如图3.25所示，从各型号设备的运行情况来看，地基遥感垂直观测系统风廓线仪设备平均业务可用性均稍低于业务可用性目标值(95%)，其中航天新气象YKD2型风廓线仪业务可用性相对较高(93.6%)，敏视达YKD1型及四创YKD4型风廓线仪业务可用性相对偏低(均为93.1%)。

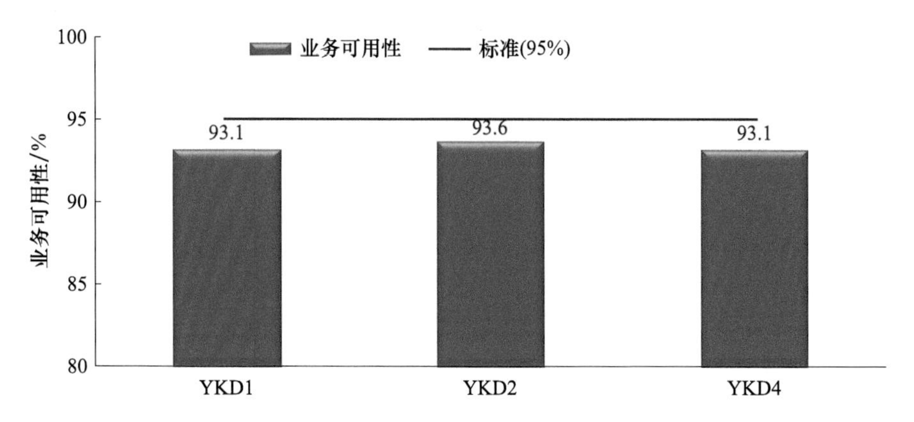

图3.25　2023年地基遥感垂直观测系统风廓线仪各型号业务可用性

(二)毫米波测云仪

如图3.26所示，从各型号设备的运行情况来看，地基遥感垂直观测系统毫米波测云仪设备平均业务可用性均高于业务可用性目标值(85%)，其中西安华腾YLU1型毫米波测云仪业务可用性相对较高(94.9%)，成都远望YLU3型毫米波测云仪业务可用性相对偏低(90.1%)。

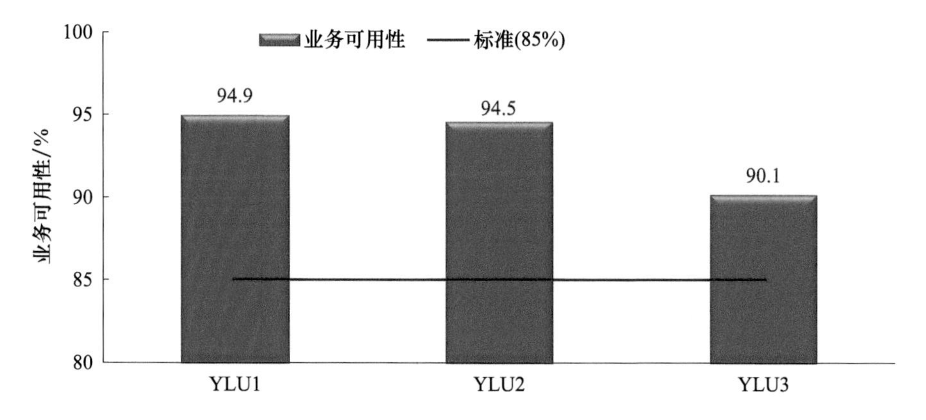

图3.26　2023年地基遥感垂直观测系统毫米波测云仪各型号业务可用性

(三)地基微波辐射计

如图 3.27 所示,从各型号设备的运行情况来看,地基遥感垂直观测系统地基微波辐射计设备平均业务可用性均高于业务可用性目标值(85%),其中二十二所 YKW5 型地基微波辐射计业务可用性相对较高(94.6%),爱尔达 YKW2 型地基微波辐射计业务可用性相对偏低(88.3%)。

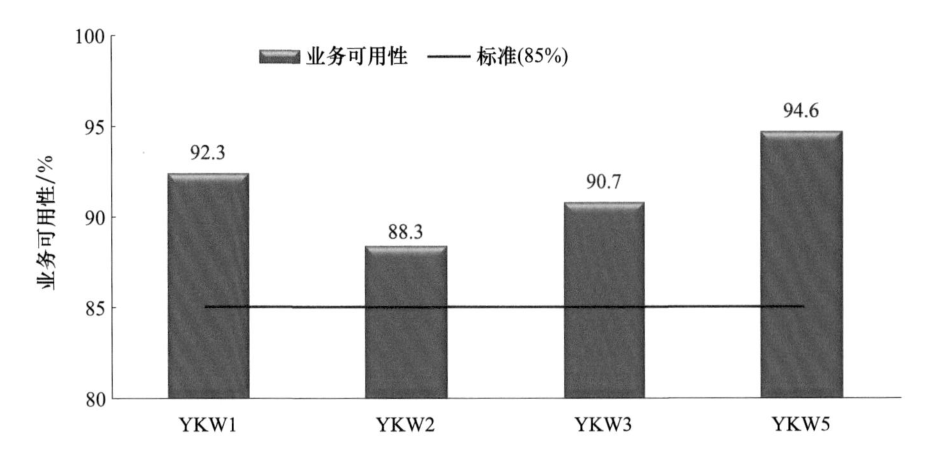

图 3.27 2023 年地基遥感垂直观测系统地基微波辐射计各型号业务可用性

(四)气溶胶激光观测仪

如图 3.28 所示,从各型号设备的运行情况来看,北京遥测 YLJ2 型地基遥感垂直观测系统气溶胶激光观测仪设备平均业务可用性稍低于业务可用性目标值(85%),其中无锡中科 YLJ1 型气溶胶激光观测仪业务可用性相对较高(91.0%),北京遥测 YLJ2 型气溶胶激光观测仪业务可用性相对偏低(84.2%)。

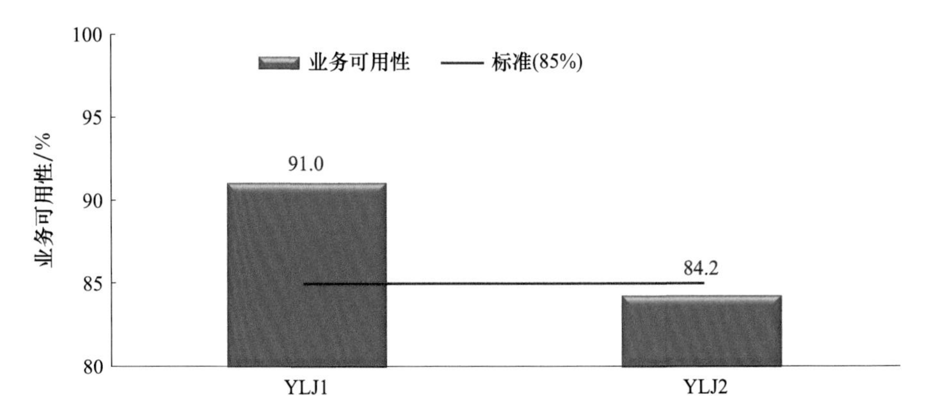

图 3.28 2023 年地基遥感垂直观测系统气溶胶激光观测仪各型号业务可用性

(五)GNSS/MET 观测仪

如图 3.29 所示,从各型号设备的运行情况来看,敏视达 YQS1 型地基遥感垂直观测系统 GNSS/MET 观测仪设备平均业务可用性低于业务可用性目标值(92%)。其中上海司南 M300PROII 型 GNSS/MET 观测仪业务可用性相对较高(93.1%),而敏视达 YQS1 型 GNSS/MET 观测仪业务可用性相对偏低(87.3%)。

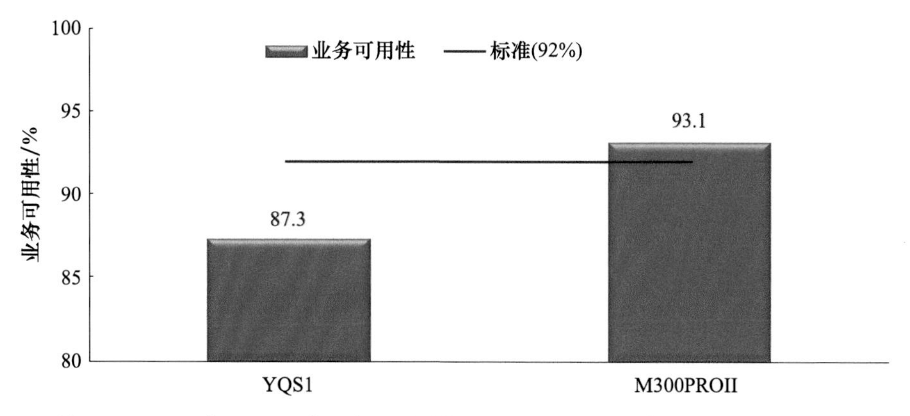

图 3.29 2023 年地基遥感垂直观测系统 GNSS/MET 观测仪各型号业务可用性

五、雷电监测

2023 年 1 月 1 日至 12 月 31 日，纳入评估的国家雷电监测站平均业务可用性为 95.91%，较 2022 年下降 2.78 个百分点，具体见图 3.30。

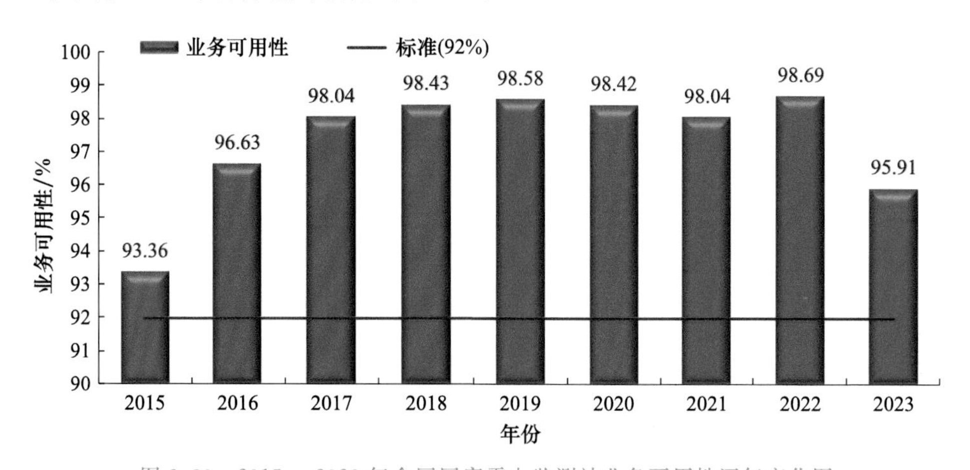

图 3.30 2015—2023 年全国国家雷电监测站业务可用性逐年变化图

根据综合气象观测业务运行信息化平台国家雷电监测站故障维修记录统计结果表明，2023 年纳入评估的国家雷电监测站共出现故障 537 站次，从故障分类统计结果来看，如图 3.31 所示，通信系统、业务终端系统、供电系统和电子盒故障率较高，四类故障占比约达到 89.39%。

从各设备型号的运行情况来看(图 3.32)，平均业务可用性均超过中国气象局业务考核标准(92%)，相比较而言，ADTD 型(92.48%)业务可用性稍偏低，DDW1 型号业务可用性相对较高(99.18%)。

如图 3.33 所示，从各型号设备故障情况看，三种型号设备故障频率相当，ADTD、ADTD-Ⅱ和 DDW1 型号设备单站平均故障次数分别为 1.19 次、1.39 次和 0.91 次。ADTD 型平均故障持续时间相对较长，约为 57.23 h，主要是由于多套设备长时间故障所致，如西藏墨脱(56319)故障持续时间超过 1900 h。

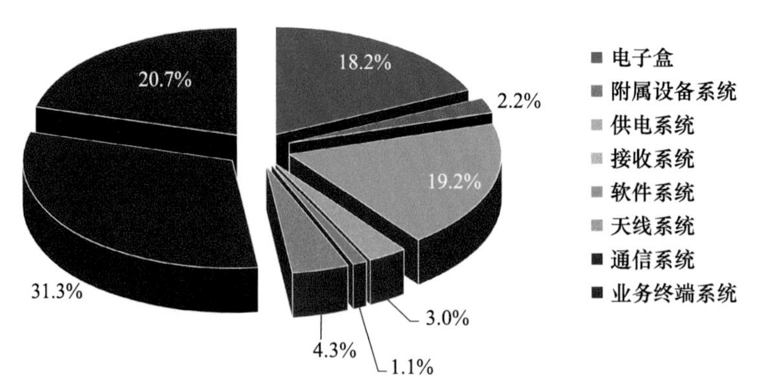

图 3.31　2023 年全国纳入评估的国家雷电监测站(一类)故障分布情况

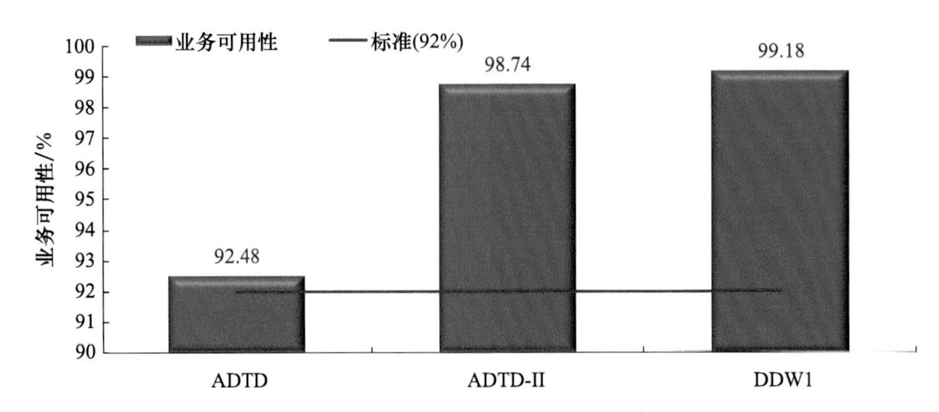

图 3.32　2023 年全国纳入评估的国家雷电监测站各型号业务可用性

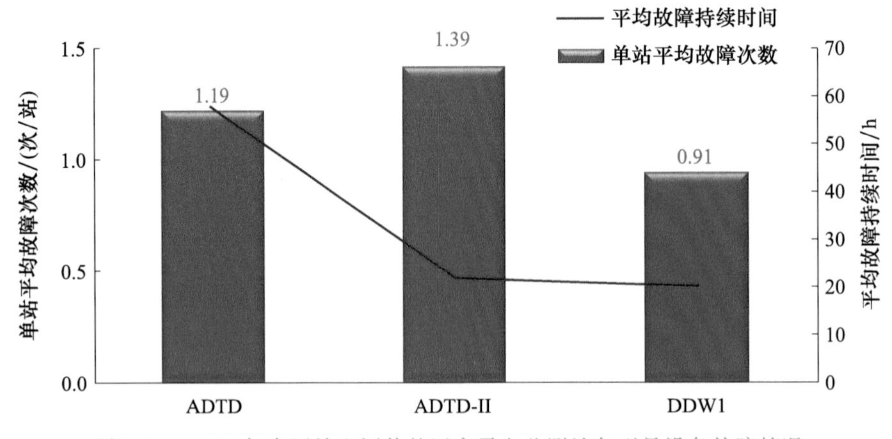

图 3.33　2023 年全国纳入评估的国家雷电监测站各型号设备故障情况

六、GNSS/MET 观测

2023 年 1 月 1 日至 12 月 31 日，纳入中国气象局业务评估的 GNSS/MET 一类观测站共计 700 站，全年平均业务可用性为 87.99%，低于中国气象局业务考核标准(92%)。

如图 3.34 所示，从各仪器运行情况来看，5 家设备生产厂家的平均业务可用性均低于中国气象局业务考核标准(92%)，其中，TRIMBLE 和北京敏视达的平均业务可用性相对较高，分别是 91.45%和 91.40%。

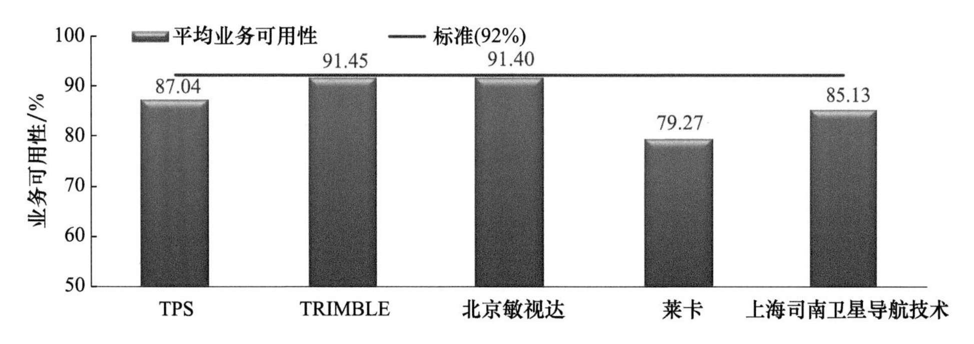

图 3.34　2023 年全国纳入评估的 GNSS/MET 观测站各设备生产厂家业务可用性

各设备生产厂家 GNSS/MET 观测站平均故障持续时间如 3.35 所示。其中，上海司南卫星导航技术的 GNSS/MET 观测站平均故障持续时间相对较短(10.37 h)；莱卡测量系统设备有限公司的 GNSS/MET 观测站平均故障持续时间相对较长(144.95 h)，主要原因是个别业务运行站点的故障持续时间较长，其中青海杂多国家基准气候站(GNSS/MET 观测)两次故障累计持续时间长达 3854.53 h。

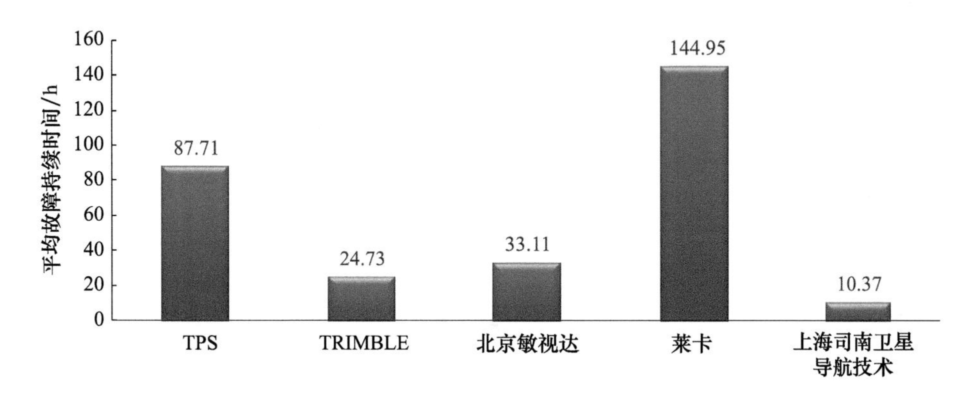

图 3.35　2023 年 GNSS/MET 观测站各设备生产厂家平均故障持续时间

七、自动土壤水分观测

2023 年 1 月 1 日至 12 月 31 日纳入考核的 2441 套全国自动土壤水分观测仪平均业务可用性为 99.32%，较 2022 年提升 1.21 个百分点，具体见图 3.36。

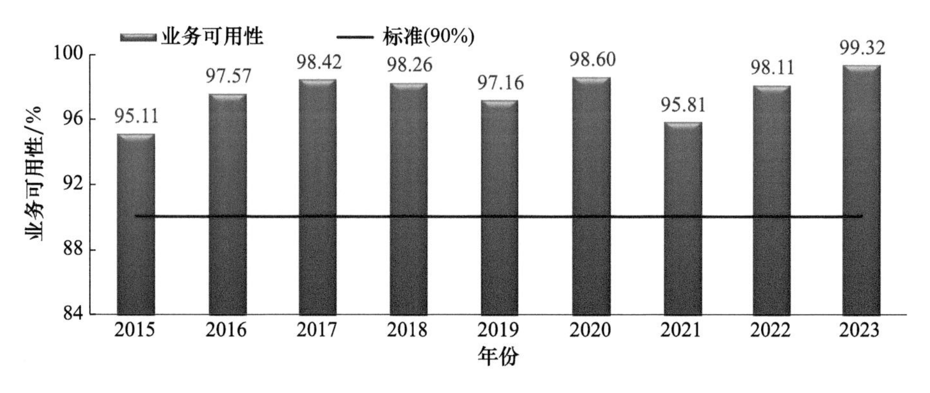

图 3.36　2015—2023 年全国自动土壤水分观测仪业务可用性逐年变化

根据综合气象观测业务运行信息化平台全国自动土壤水分观测仪故障维修记录统计结果表明，2023 年全国自动土壤水分观测仪共出现故障 1529 站次(1519 个故障点)，从故障分类统计结果来看，如图 3.37 所示，通信系统、传感器、供电系统故障出现频率较高，三类故障占比约达到 87.6%。

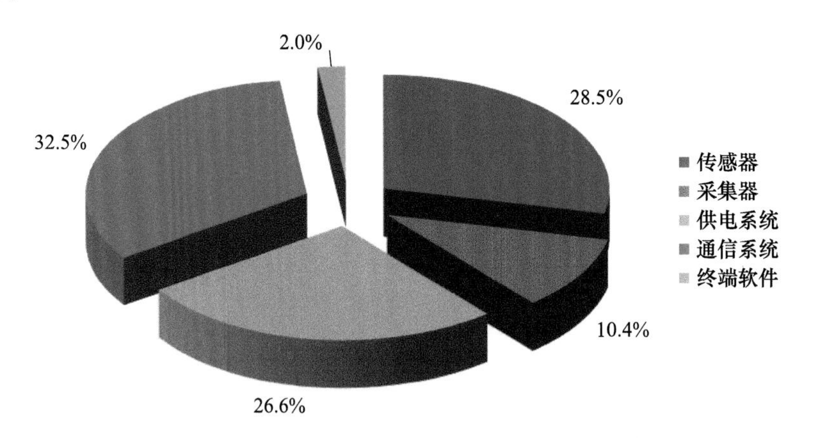

图 3.37　2023 年全国自动土壤水分观测仪设备故障统计

如图 3.38 所示，从各设备型号的运行情况来看，所有型号的平均业务可用性均超过中国气象局业务考核标准(90.00%)，相比较而言，DZN2 型自动土壤水分观测仪业务可用性偏低(99.22%)，DZN1 型自动土壤水分观测仪业务可用性较高(99.51%)。

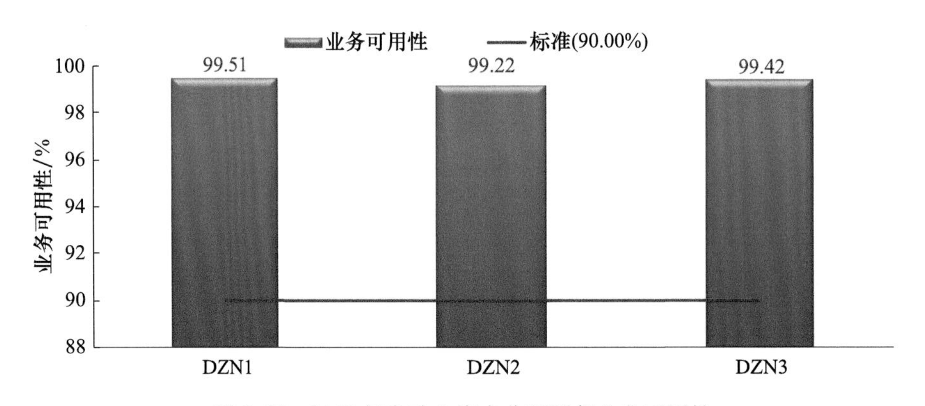

图 3.38　2023 年自动土壤水分观测仪业务可用性

如图 3.39 所示，影响自动土壤水分观测仪数据质量主要是数据缺报和数据错误(要素缺测)的出现频率。

从各型号单站平均缺报时次对比看，DZN3 型号自动土壤水分观测仪数据到报质量较好，单站平均缺报时次为 19.32 h；DZN1 型号自动土壤水分观测仪次之，单站平均缺报时次为 22.20 h；DZN2 型号自动土壤水分观测仪单站平均缺报时次较长，为 27.90 h。

从各型号单站平均数据错误时次对比看，DZN1 型号自动土壤水分观测仪数据质量较好，单站平均数据错误时次为 12.81 h；DZN3 型号自动土壤水分观测仪单站平均数据错误时次为 16.78 h；DZN2 型号自动土壤水分观测仪单站平均数据错误时次较长，为 23.76 h。

如图 3.40 所示，从各型号设备故障情况看，DZN1 型号设备故障频率较高，单站平均故障次数为 0.93 次，但平均故障持续时间相对较短，约为 8.32 h。DZN3 型号设备故障频率较低，单站平均故障次数为 0.69 次，平均故障持续时间相约为 13.25 h。DZN2 型号设备故障频率最低，单站平均故障次数为 0.49 次，平均故障持续时间最高，约为 18.15 h。

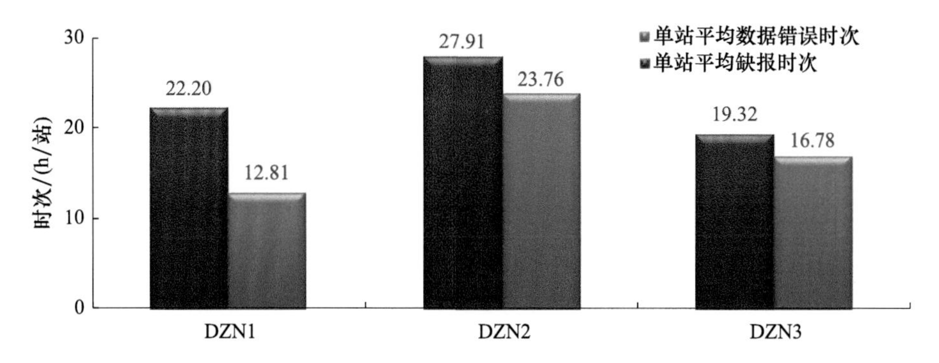

图 3.39 2023 年自动土壤水分观测仪各型号平均数据质量情况

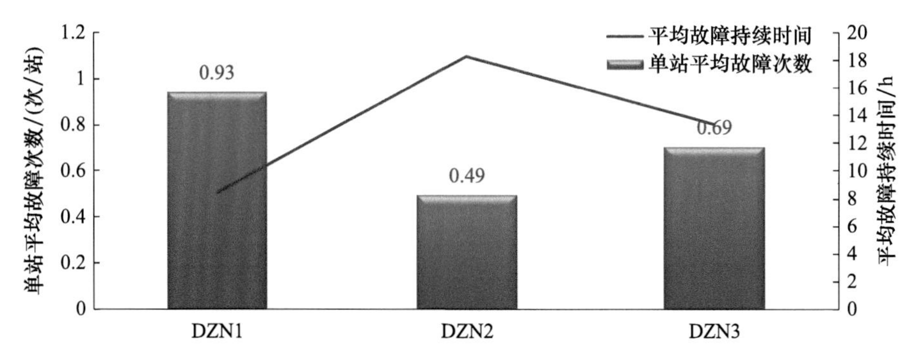

图 3.40 2023 年自动土壤水分观测仪各型号设备故障情况

八、大气成分观测

（一）气溶胶质量浓度观测仪

2023 年 1 月 1 日至 12 月 31 日纳入考核的气溶胶质量浓度观测仪业务可用性为 95.86%，较去年增加 1.87%。气溶胶质量浓度观测仪各型号平均业务可用性见图 3.41。

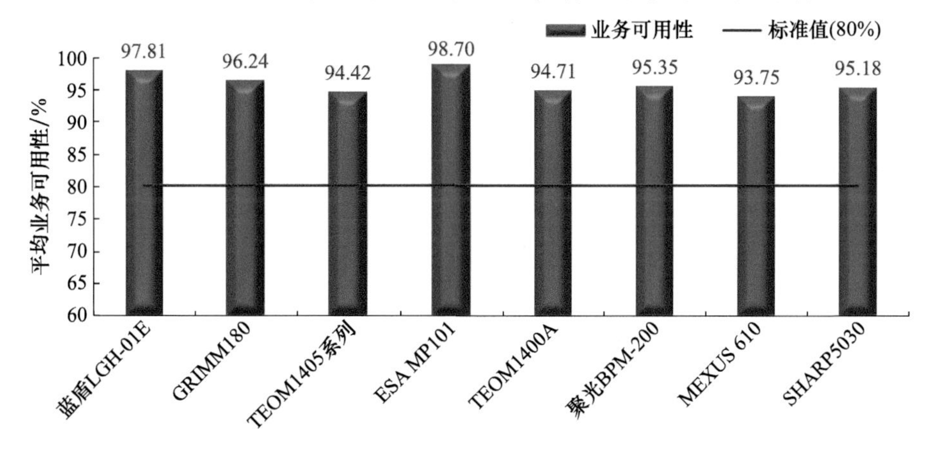

图 3.41 2023 年各型号气溶胶质量浓度观测仪平均业务可用性

从结果看，法国 ESA 公司 ESA MP101 设备业务可用性最好，其次蓝盾 LGH-01E 型气溶胶质量浓度观测仪，业务可用性较高，站点数也最多，具有较好的代表性，该批次设备业务运行已接近 8 年。韩国 KENTEK 公司的设备在 1 个站点出现了故障，致使平均业务可用性垫底。2023 年，台站及时填报特殊情况处置申请表，获批的特殊情况时段不计算业务可用性，整体业务可用性有所提升。

(二)黑碳观测仪

2023 年 1 月 1 日至 12 月 31 日纳入考核的黑碳仪业务可用性为 86.46%，其中 AE31 型(38 套)和 AE33 型(7 套)的可用性分别为 84.31%、97.85%，见图 3.42。AE31 型和 AE33 型黑碳仪均为美国 Magee Scientific 公司生产的基于滤膜采样原理的黑碳质量浓度观测设备，AE33 为 AE31 的升级系列。45 套考核设备中，仅 7 套 AE33 型设备目前运行时间约 5 年，其余 AE31 型设备运行时长均超过 8 年，且生产厂家停止了整机和备件的生产供应，导致设备故障高发、维修困难，个别站点业务可用性偏低。

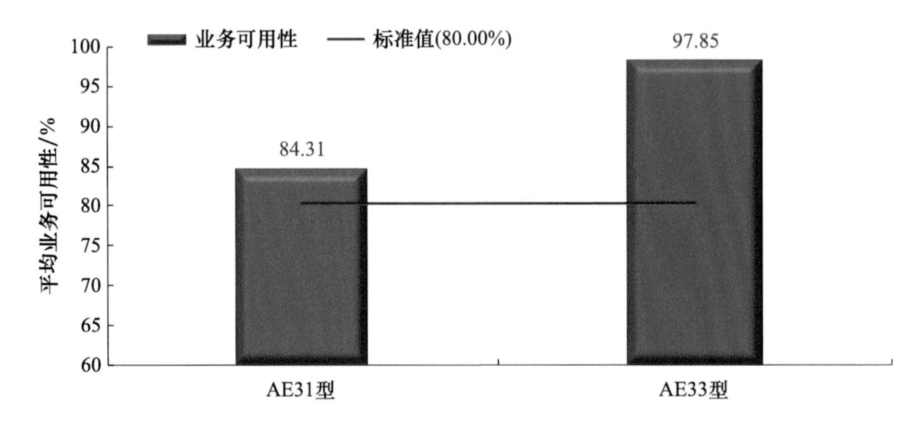

图 3.42 2023 年各型号黑碳仪平均业务可用性

(三)气溶胶散射系数观测仪

2023 年 1 月 1 日至 12 月 31 日纳入考核的气溶胶散射系数观测仪业务可用性为 51.83%。气溶胶散射系数观测仪各型号平均业务可用性见图 3.43，其中平均业务可用性最高的为 Aurora3000 型号，业务可用性为 64.26%，明显高于其他两种型号。

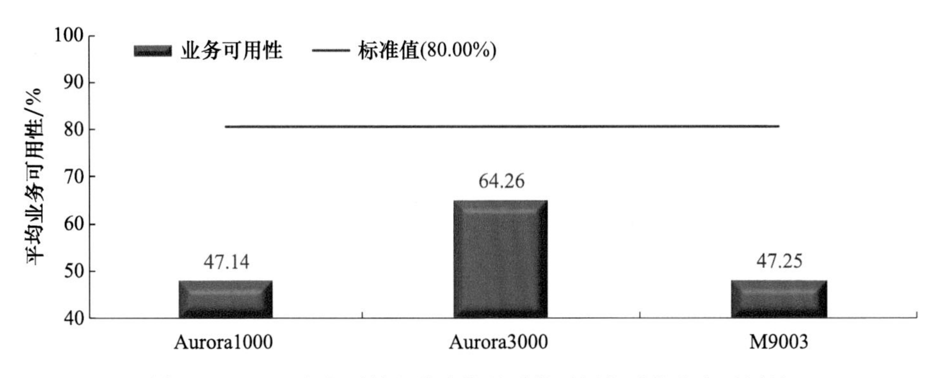

图 3.43 2023 年各型号气溶胶散射系数观测仪平均业务可用性

从结果看，大气本底站大多采用 Aurora3000 设备，设备的维护和保障条件更好，业务可用性相对较高；Aurora1000 和 M9003 设备大多业务运行年限较长，有些甚至超过 18 年，设备老化严重，业务可用性相对比较低。

（四）酸雨观测设备

2023 年 1 月 1 日至 12 月 31 日纳入考核的酸雨站点观测数据（取 pH 和 K 值的平均值）业务可用性为 95.53％。酸雨观测设备各型号平均业务可用性见图 3.44。

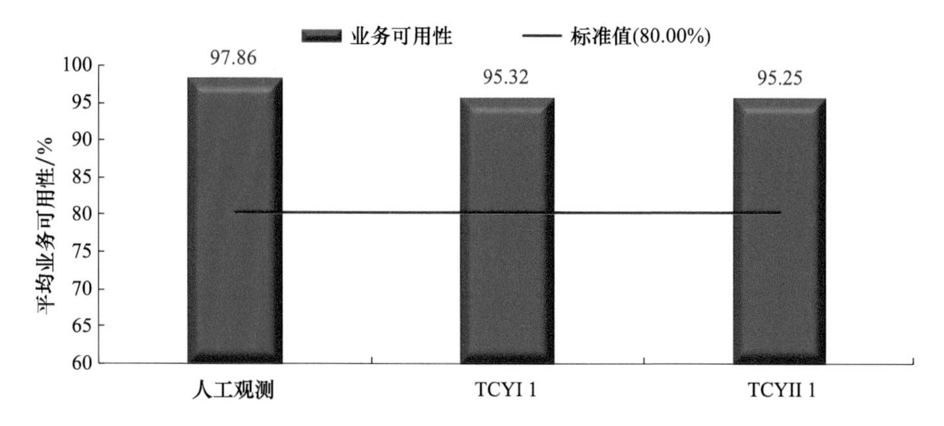

图 3.44 2023 年各型号酸雨观测设备平均业务可用性

从结果看，人工观测设备、自动观测设备 TCYI 1 型和自动观测设备 TCYII 1 型的业务可用性高于 80％，人工观测设备的业务可用性高于自动观测设备。

（五）氧化亚氮和六氟化硫观测仪

2023 年全国 6 个省（市）氧化亚氮和六氟化硫观测仪平均业务可用性见图 3.45。

各省（市）平均业务可用性均能满足业务可用性>80％的要求，其中黑龙江、浙江、湖北、云南、青海略低。

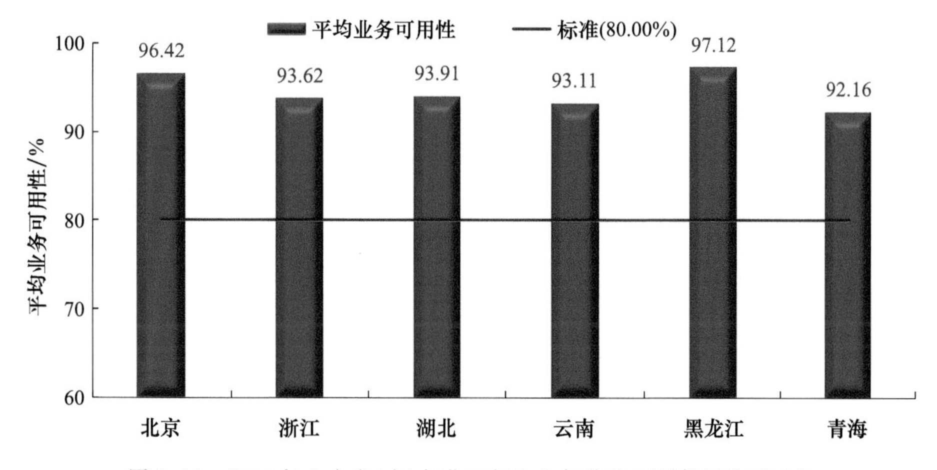

图 3.45 2023 年 6 个省（市）氧化亚氮和六氟化硫观测仪平均可用性

（六）二氧化碳和甲烷观测仪

2023 年全国 6 个省（市）及 1 个地区的温室气体浓度观测系统平均业务可用性见图 3.46。

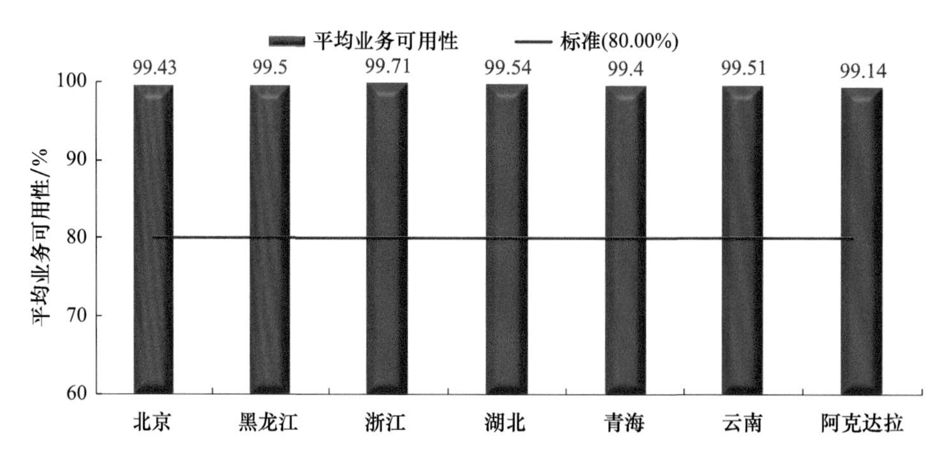

图 3.46　2023 年 6 个省(市)及 1 个地区的温室气体浓度观测系统平均业务可用性

(七)Flask 瓶采样

各省(区、市)的业务可用性指的是采样业务可用性,国家级实验室业务可用性指的是实验室分析业务可用性。详见图 3.47。

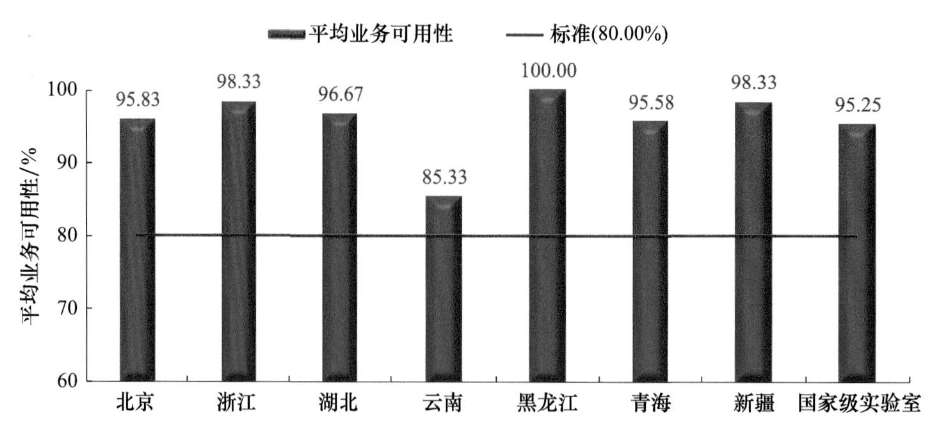

图 3.47　Flask 瓶采样平均业务可用性

第四章　观测质量业务能力

一、气象观测质量管理体系信息系统

气象观测质量管理体系信息系统是全国气象观测质量管理体系工作的信息化平台，系统在国家级一级部署、四级应用。该系统基于ISO 9001质量管理体系的PDCA循环理念设计，从业务、支撑、管理三大过程建立相互关联关系，基于信息化手段实现观测业务和管理过程的有效支撑，达到"程序管事、制度管人"的管理效果，提高了气象观测质量管理体系的工作效率。系统包含策划、执行、检查和改进四大子系统和系统配置模块，涉及质量管理体系文件管理、八大类气象观测业务的执行过程管理、质量目标和过程绩效管理、审核管理、管评管理、用户满意度管理、风险管理、运行绩效考核管理、培训管理和沟通管理等十余个功能模块；截至2023年底，系统用户近3.2万，2023年访问量近400万次，系统在各级气象部门的总体利用率为97%(图4.1)。

图4.1　气象观测质量管理体系信息系统界面

2023年瞄准体系业务"两张皮"问题，对气象观测质量管理体系信息系统3.0版进行持续完善，着眼于信息系统与业务系统深度融合，对策划、执行、检查和改进四大子系统均进行了改进，并优化23个功能点。通过对接天元系统实现天气雷达、地面、高空、雷电、土壤水分、GNSS/MET、风廓线雷达、大气本底温室气体等观测设备的站网管理、维护维修等的实时执行监控，同时对接天衡系统实现对质量周报(雷达、地面、大气成分等7类设备数据质量控制和评估)的执行监控;实现全国气象观测制度树信息化管理,共录入 1387 条业务制度信息;建立全国风险基础库,共录入国、省、市、县级共 452 个风险点信息,并新增风险评价、应对以及流程管理;完成全国内审库表信息化建设,录入了《中国气象局气象观测质量管理体系内审大纲(2022 版)》全部 235 个表的基础信息;第三方运行绩效评价功能优化,自动化评估程度提高 3%;开发“国省互动建议书”功能,实现国省质量改进信息化管理,通过任务书形式促使质量改进流程管理和监督,把“控－改－升”运行机制和流程规范化应用到实践中。

二、综合气象观测数据质量控制与产品业务系统(天衡天衍)

2023 年 12 月 25 日,中国气象局综合观测司印发了《综合观测司关于综合气象观测质量控制与产品业务系统(天衡天衍)业务运行的通知》(气测函〔2023〕293 号),2024 年 1 月 5 日起,综合气象观测数据质量控制与产品业务系统(天衡天衍)正式投入业务运行,这标志着综合气象观测数据质量控制与产品业务系统(天衡天衍)正式成为全国综合气象观测质量控制、质量改进等业务过程的重要业务平台。

综合气象观测数据质量控制与产品业务系统(天衡天衍)自开发应用以来,边开发、边试用、边改进,集成了地面、探空、天气雷达、风廓线雷达、雷电、GNSS/MET 水汽、大气成分、土壤水分、垂直观测九大类观测共 89 种质控评估方法,整合并打造了集数据质量控制、异常反馈处理等功能模块的综合型观测业务平台(图 4.2),实现了观测数据质量问题反馈、质量改进在线查询和动态跟踪。

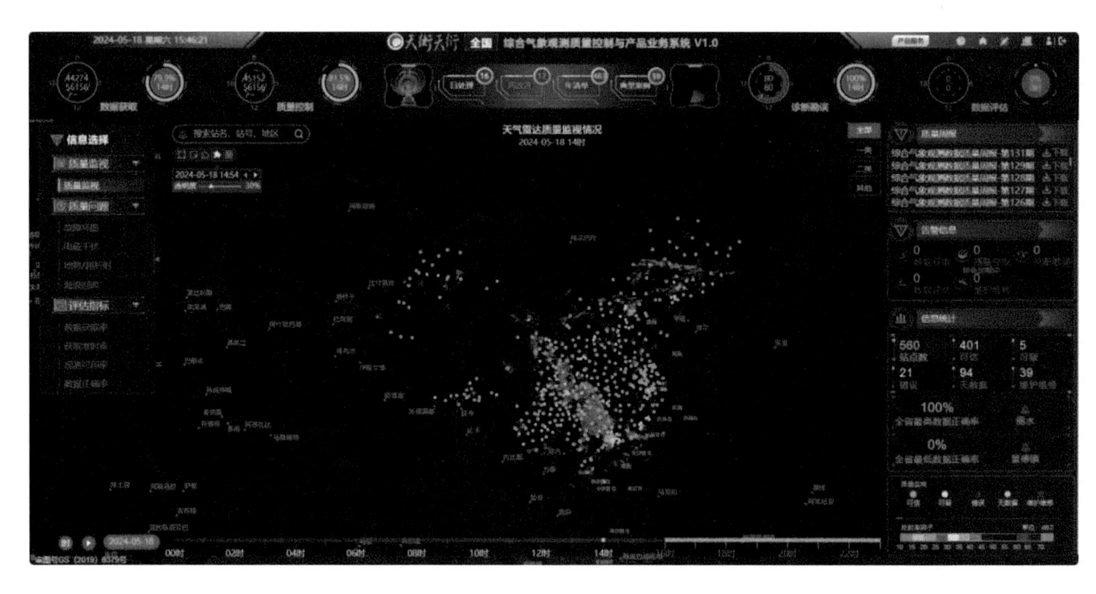

图 4.2　综合气象观测数据质量控制与产品业务系统(天衡天衍)

三、综合气象观测业务运行信息化平台

综合气象观测业务运行信息化平台集观测元数据管理、装备运行管理、装备运行评估等业务功能于一体,自 2021 年 1 月 1 日全国业务运行以来,年访问量由 2022 年的 300 万人次增加至 2023 年的 1200 万人次,单日最高访问量达 4.5 万人次。目前平台管理各类观测站点信息 8

万余站，各类装备维护记录 60 万余条，维修记录近 3 万条，气象观测装备 68 万余件，计量记录的装备 17 万余件。

状态判定算法，为观测设备优质运行提供支撑。2023 年新增对北斗探空、垂直观测、X 波段雷达等观测设备状态的判定算法，建立“收集、分析、判定、告警、反馈”的观测设备运行质量提升通道，具备利用观测设备自检状态、观测数据到报情况等信息开展实时分析和告警通知的能力，为观测设备优质运行提供支撑。

元数据质量检查算法，为元数据公共服务提供支撑。2023 年在气象观测台站元数据管理基础上建立两类十余项检查方法。通过分析、比对、校验、核查等方式及通报反馈等手段对元数据信息项目差错进行定位修改，具备利用多种数据渠道对台站元数据信息进行质量检查并提升正确率的能力，为气象观测台站高质量发展及元数据公共服务提供支撑。

伴随着功能和算法的不断优化升级，平台正趋向于更加完整统一、互联互通、有机融合的整体，确保各级业务和管理部门实现信息共享和协同工作，为我国综合气象观测业务的信息化建设提供可靠支撑(图 4.3)。

图 4.3　综合气象观测业务运行信息化平台界面

第五章　观测质量改进

一、气象观测质量管理

全国气象观测质量管理体系各项工作有序开展。中国气象局气象观测质量管理体系于2022年11月25日通过了ISO 9001再认证审核,标志着体系进入新的运行阶段。2023年全面对标《气象高质量发展纲要(2022—2035年)》《全国气象发展“十四五”规划》中“健全气象观测质量管理体系”以及2023年全国气象工作会议精神,进一步明确了气象观测质量管理体系发展方向和工作任务。2023年印发《中国气象局气象观测质量管理体系质量手册(2023版)》《气象观测标准体系(2023版)》和《中国气象局气象观测质量管理体系内审大纲(2022版)》,并编制《观测业务管理体系文件优化升级三年行动计划(初稿)》等指导性文件,进一步明确了气象观测质量管理体系建设运行和管理质量提升的总方向、总目标。将质量管理理念和PDCA方法应用于业务管理实际,推动观测业务管理制度构建,逐步推进“一类业务一套文件滚动更新”的制度管理新模式,印发了大气本底、地基遥感垂直观测业务管理制度。2023年完成了国家级内审员培训,全国国家级内审员共计192人,省级内审员共计6632人,总数达到6824人;对体系绩效评价指标进行了优化,构建了由8类25项43条具体评价内容组成的体系绩效评价指标并按季度推进督导,全国气象观测质量管理体系绩效评价平均得分110.7分,较2022年度提升11.7分;2023年各单位共收集到内部用户调查问卷9254份,外部用户调查问卷15191份。内外部用户整体满意度为95.62分,比去年提高3.03%,其中内部用户的满意度为95.16分,比去年提高1.54%,外部用户的满意度为95.89%,比去年提高3.7%。2023年共收到各单位反馈的调查问卷17556份,其中设备类8307份、业务软件系统类8004份、服务类1245份。外供方评价综合得分94.24分,整体情况较好,各类外供方平均分分别为93.54分、94.72分和95.79分,较去年分别提高1.57分、1.41分和1.3分。

持续推进质量管理体系与业务深度融合。2023年全国各体系运行单位结合汛前业务检查、安全专项检查或综合气象观测业务检查完成了年度自审工作,共发现不符合项641个(18.31个/单位),改进建议项3181个(90.89个/单位),全国12个单位内审抽查共发现不符合项104个,改进建议项579个,较2022年、2021年的抽审有所减少,按体系过程分析,问题主要集中在业务过程的“观测装备维护管理”(数量177个、占比25.92%)、“装备计量检定管理”(数量73个、占比10.69%)及管理过程的“文件管理”(数量77个、占比11.27%)三方面;按业务种类分析,问题主要集中在“地面观测”,问题总共为236个,占比为34.55%。2023年气象探测中心通过召开国省质量例会并打通国省质量改进任务信息化管理,以国省互动建议书的形式构建“质量问题解决”为主线全寿命ID跟踪,实现对质量改进流程的跟踪和监督,拓展了质量改进范围，实现了国省间质量改进闭环。2023年9—10月第三、四次质量例会向四川、安徽等11省份下发国省互动建议书，改进元数据问题1000多套设备。

二、质量改进机制

1. 开展全国观测质量会商，完善质量改进机制

气象探测中心基于天衡天衍综合观测数据质量控制系统，启动全国观测质量会商机制，打通“设备—观测—数据—应用”中的“堵点”，实现国省站厂家联动—响应闭环跟踪管理，为观测领域采取应对措施和有针对性改进给予示范参考。目前，全国观测质量会商已累计召开五次。为持续推进质量例会制度，制定《探测中心质量例会实施细则》《探测中心质量首席值班作业指导文件》，优化质量例会制度，强化责任主体，完善质量改进信息化，构建以“质量问题解决”为主线的全寿命ID跟踪，提出气象雷达硬件、软件、算法、制度流程等方面问题，解决多个实际质量问题；形成质量问题改进任务单，根据问题类型制定专项解决方案，建立相应的典型质量问题案例库，加强观测数据质量问题的解决效率。

此外，制定了《综合气象观测数据质量周报管理规定》和《观测数据质量问题清单制度》，业务机制得到进一步健全。以质量周报分析结果入手，通过国省站三级联动，打通解决气象数据质量问题的工作通道，根据专项问题进一步形成质量问题改进任务单，制定解决方案，大幅提升解决效率。

2. 强化国省互动，促进观测前端改进

气象探测中心采用线上会议方式面向全国31个省(区、市)观测业务和管理人员、产品应用服务人员开展了视频培训(图5.1)。全国共组织召开6次质控业务应用培训，培训总人数达1000多人次。培训内容包括观测数据质量控制业务体系、系统操作方法、质控关键技术、业务试用准备工作要求和试运行业务要求等。试运行期间，根据各省(区、市)应用该系统开展质量周报和数据异常反馈遇到的共性问题和部分省(区、市)业务具体需求，气象探测中心开展全国观测质量改进专题培训和观测质量提升专项帮扶培训，成为该系统在国省市县四级联动的实例。基于多次国家级、省级的培训和推广，国省市站各级业务人员可以熟练应用系统，并利用异常反馈与质量周报等功能，完成国省市站关于数据质量问题的互动；同时根据各级用户在使用中的反馈信息，不断对系统进行优化和升级。

3. 自动在线监测反馈机制，推动质量提升

天衡天衍综合观测数据质量控制系统开发了质量周报和异常反馈模块，通过在线反馈实现国省互联互动。目前已实现天气雷达、风廓线雷达、GNSS/MET水汽、地面、自动土壤水分、气溶胶质量浓度、雷电问题站点的周异常识别、跟踪反馈、质量改进机制。2023年，通过“质量周报模块”累计发布《综合气象观测数据质量周报》52期。发现隐蔽长期性数据质量问题1127站次，国省站厂家联动改进1054站次，数据质量问题改进率93.5%。“异常事件模块”输出告警量达46639站次，处理反馈46639站次，解决了一批难发现或长期无法处理的站点问题。

图 5.1　2023 年 8 月 29 日全国视频培训会

三、典型应用案例

1. 天气雷达质量改进案例

实例 1：电磁干扰

2023 年 3 月 1—24 日，江苏南通站的平均数据正确率为 79.6%，在方位 212.5°至 215°宜春雷达自 2023 年 1 月开始受到不定时电磁干扰，具体表现为 1.5°、2.4°仰角体扫图正南方位出现射线状虚假回波。该干扰在下午和晚上较为明显，晚上 23 时之后基本消失，受干扰的雷达反射率详见图 5.2。

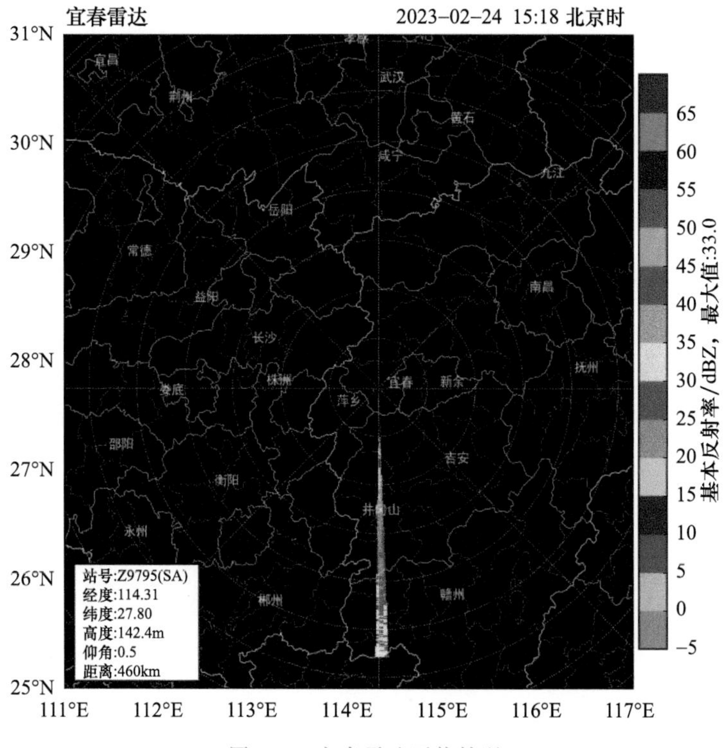

图 5.2 宜春雷达干扰情况

实例 2:设备故障

江西赣州雷达 2023 年 10 月 20—24 日，多时次出现故障坏图现象，具体表现为雷达外圈的环状故障图，详见图 5.3。发生此故障的原因为赣州雷达年维护时进行了软件升级，软件升级后，动态范围参数未重新测试并保存，导致噪声电平下降 2 dB，生成产品的噪声过高，重做动态测试并保存后该故障解除。

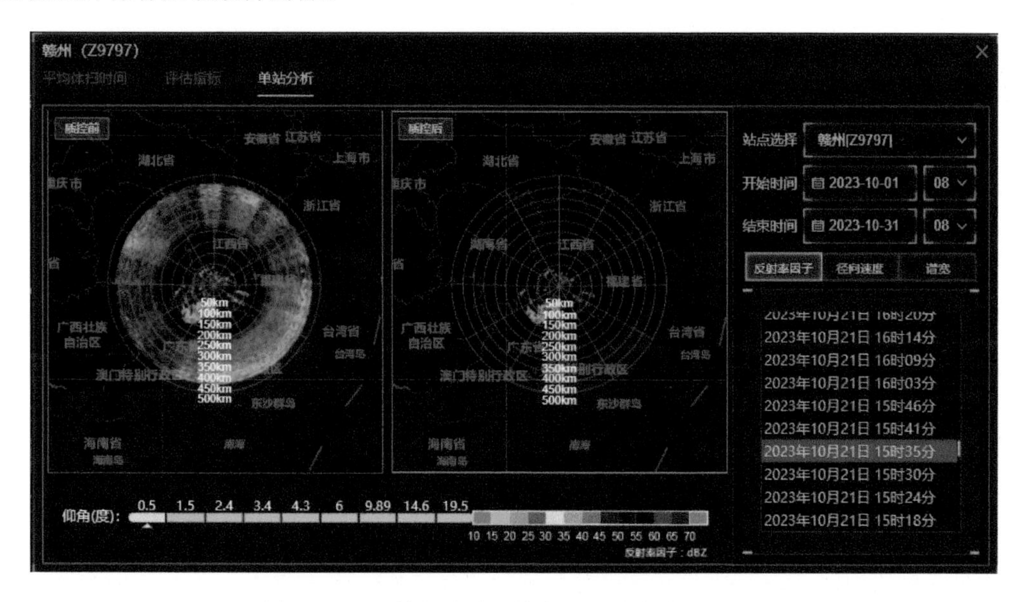

图 5.3 江西赣州站雷达故障坏图质控前后对比图

实例 3:地物/超折射问题

三穗国家天气雷达站位于三穗县城关文笔坡顶,海拔 707.1 m,地处云贵高原向湘桂丘陵盆地过渡地带,与三穗县城高差约 130 m,雷达天线馈源海拔高度为 749 m。受地形影响,雷达做低仰角扫描时,易受到地物杂波影响,由于三穗雷达建成时间较早,且未进行过大修升级,雷达性能较为落后,如滤波、自适应处理、极化处理等技术处理水平相对较差,西南方向仍有部分杂波难以滤除,导致雷达西南方位受到小范围的地物杂波持续影响,详见图 5.4。

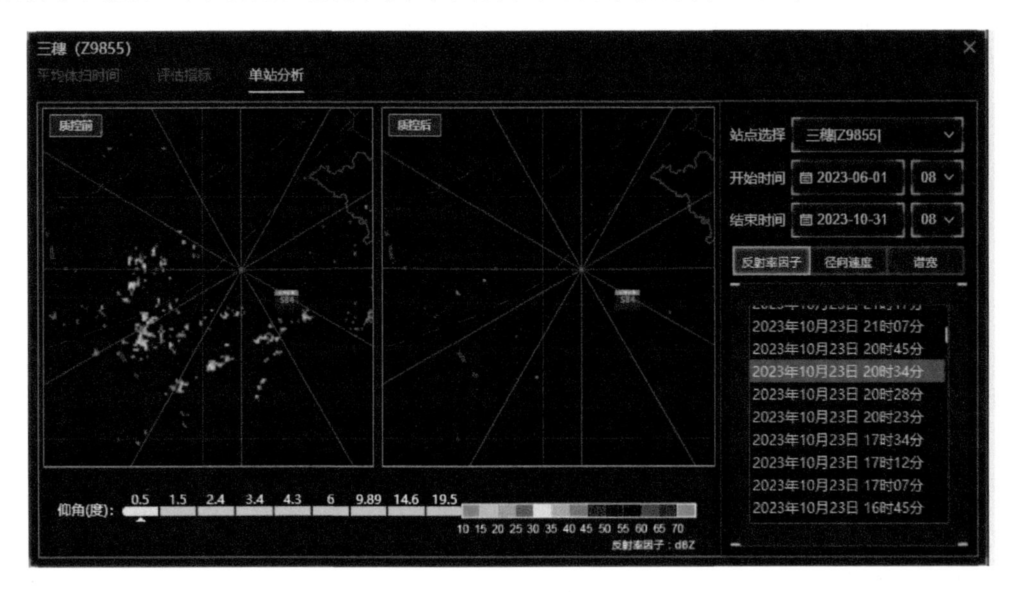

图 5.4 贵州三穗站雷达地物回波质控前后对比图

2. 风廓线雷达质量改进案例

实例 1:设备故障

部分风廓线雷达设备因性能下降较严重导致设备发生故障,例如,浙江洞头站 2023 年 9 月 24—27 日日清单正确率低,经排查是输出模块功率降低导致。经过对模块进行更换后,9 月 28 日开始设备正确率恢复,正确率和可用率分别提升 41.1%、37%,详见图 5.5、图 5.6。

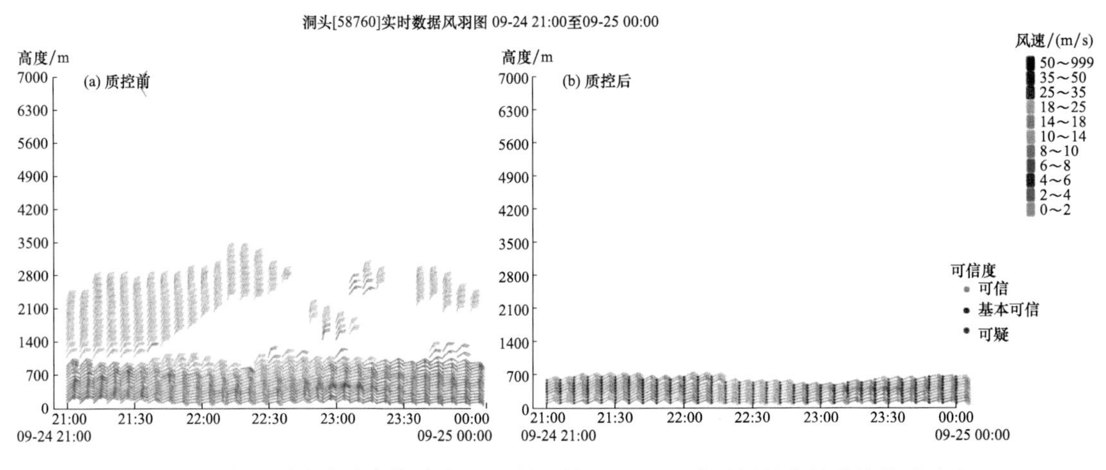

图 5.5 浙江洞头站风廓线雷达 2023 年 9 月 24—25 日水平风场产品质控前后对比

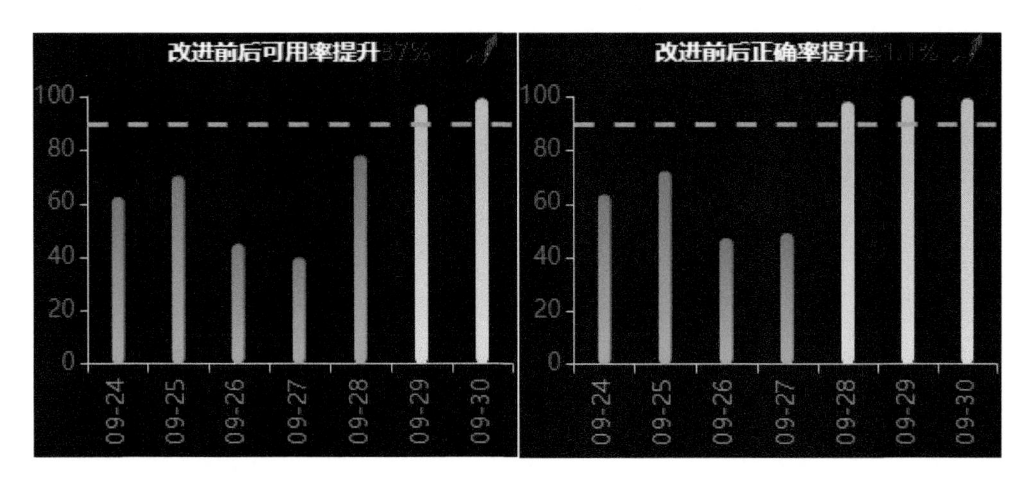

图 5.6　浙江洞头风廓线雷达改进前后可用率和正确率

实例 2:系统性能不达标

浙江嘉兴站,探测型号为 3 km,全年大部分月平均有效探测高度均低于设计高度,经过停机维护,从 2023 年 10 月起有效探测高度恢复,详见图 5.7。

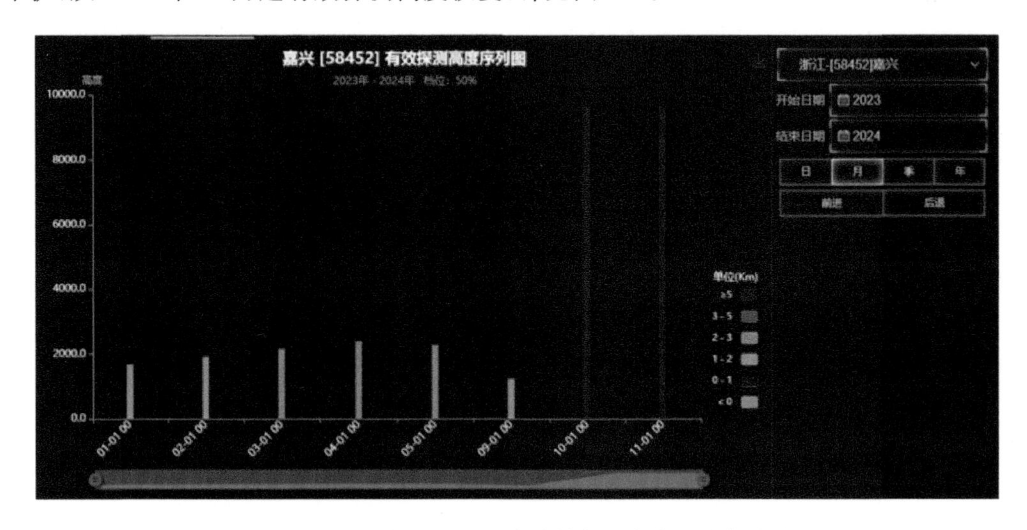

图 5.7　浙江嘉兴站 2023 年有效探测高度逐月序列图

3. 地面自动站质量改进典型案例

实例 1:外部环境干扰导致气压异常偏移

2023 年 6—7 月,贵州开阳河边组气象观测站(R1790)气压发生异常跳变,详见图 5.8。台站接到反馈信息后及时组织设备故障排查,维修时发现静压管里面有虫子,7 月 24 日 16 时,清理干净后气压数据恢复正常。

实例 2:传感器接触不良

2023 年 6 月 29 日至 7 月 5 日,山东淄博桓台新城站 2 min 极大风向在 240°左右变化,持续超过 24 h,且存在大量风向缺失。通过与 20 km 内邻近站点风向数据对比,初步判断风向传感器存在卡滞现象,随即联系台站及相关维护人员进行维修,维修时发现是由线路老旧导致信号传输故障所致。7 月 5 日 16 时更换新的传输线以及风向航空接头后,数据恢复正常。与邻近站对比时序如图 5.9 所示,改进前后对比图如图 5.10 所示。

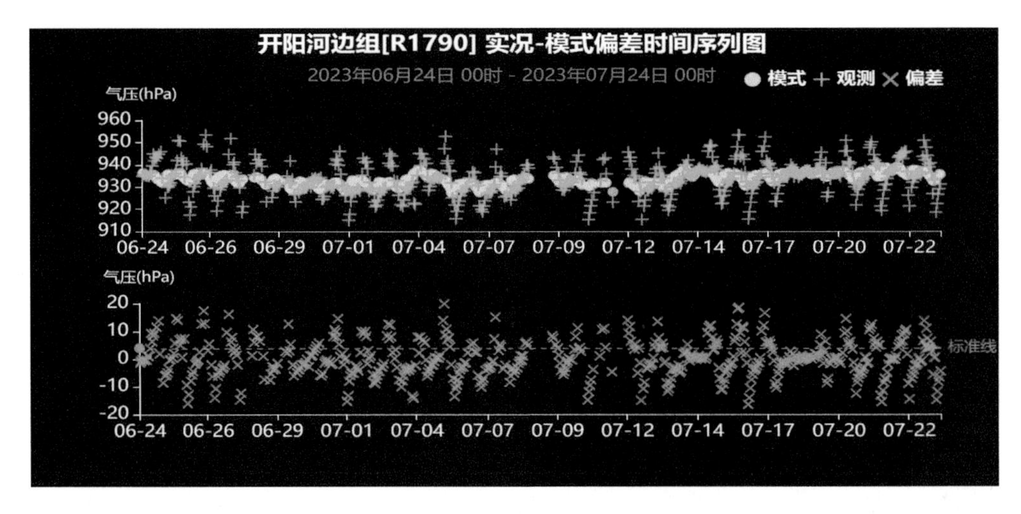

图 5.8　贵州开阳河边组站本站气压出现异常跳变示例

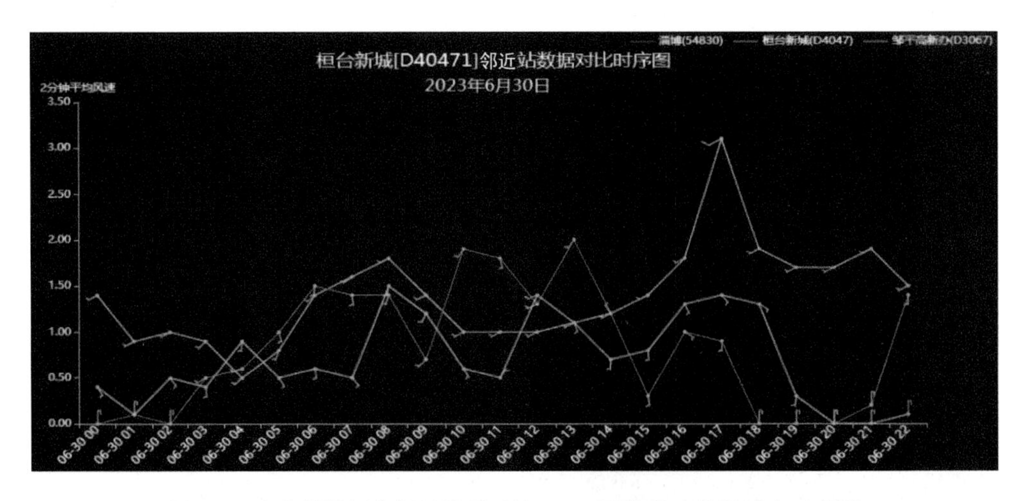

图 5.9　山东淄博桓台新城站邻近站 2 min 平均风速数据对比时序图

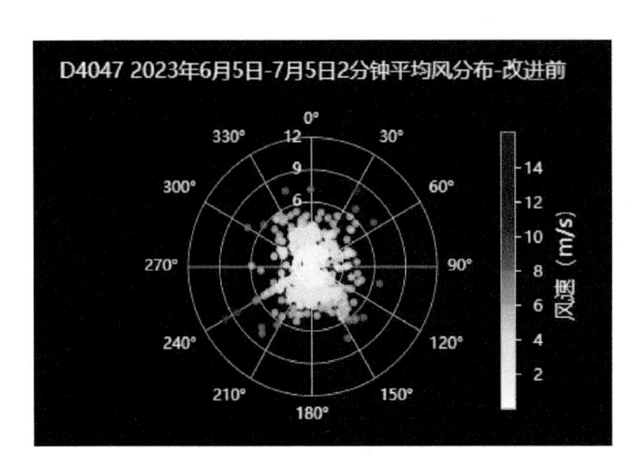

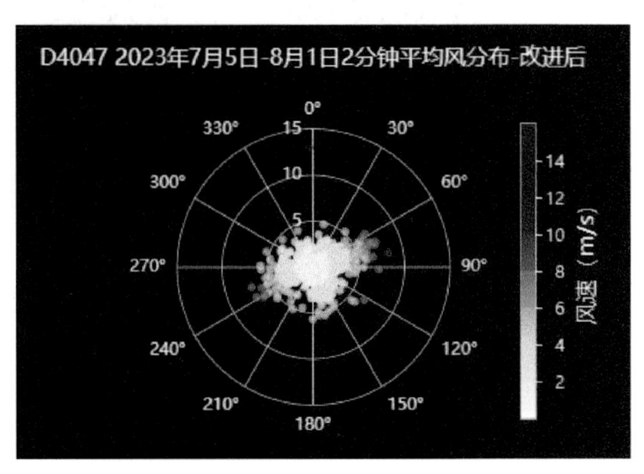

图 5.10　山东淄博桓台新城站改进前后对比图

4. GNSS/MET 质量改进典型案例

实例 1:设备故障或探测环境不良问题

2023 年 11 月 4 日—12 月 18 日山西宁武站观测数与周跳数低。经天衡系统核查,主要是电磁干扰(北斗数传)导致观测数与周跳数之比小于 100、观测有效率低于 80%、L1 和 L2 信噪比低于 20,进而导致 O 文件正确性为错误,详见图 5.11。该类问题解决策略:①查看天线是否被遮挡(树木、建筑物);②查看台站周围是否有 L 波段发射装置(如北斗数传)等电磁干扰问题;③联系厂家检查设备是否出现故障,若有故障则更换天线或接收机等。

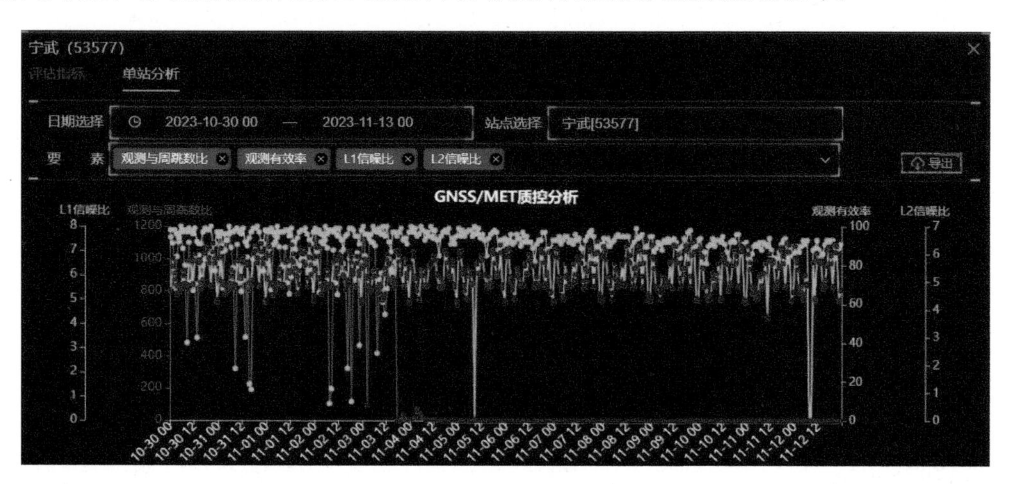

图 5.11　山西宁武站探测环境不良或设备故障示例

实例 2:探测环境不良问题

2023 年 1 月 30 日—2 月 13 日,山东泰安站 GNSS/MET 数据正确率为 77.8%,经天衡系统核查,其多路径效应 MP1>1 m,观测数与周跳数之比小于 100,导致 O 文件正确性为错误,属台站周围的探测环境不良所致,详见图 5.12。

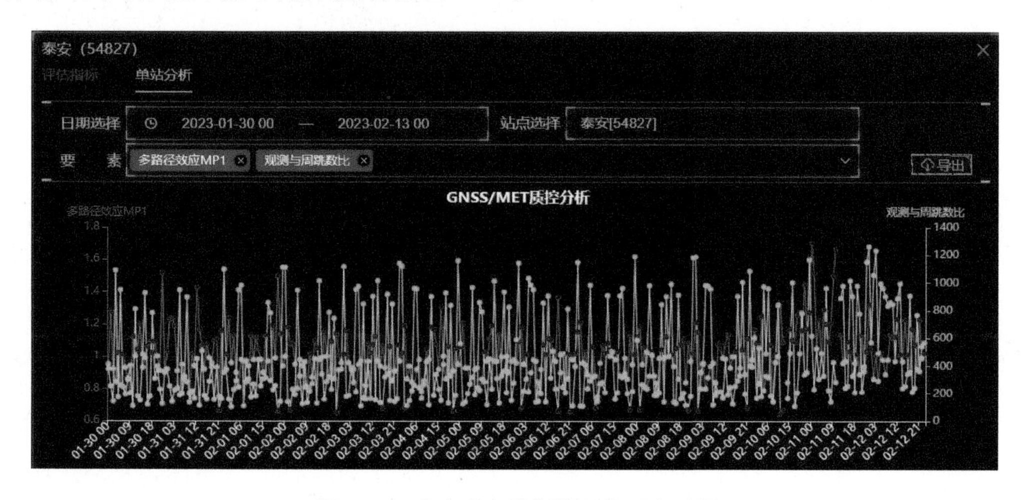

图 5.12　山东泰安站探测环境不良示例

实例 3:数据格式错误问题

2023 年 5 月 15—29 日,海南琼海站 GNSS/MET 数据正确率为 68.18%,经天衡系统核查,其 L1 和 L2 信噪比低于 20,导致 O 文件错误,经排查发现 GNSS/MET 观测设备通信线缆中断,业务人员更换新电缆后数据恢复正常,详见图 5.13。

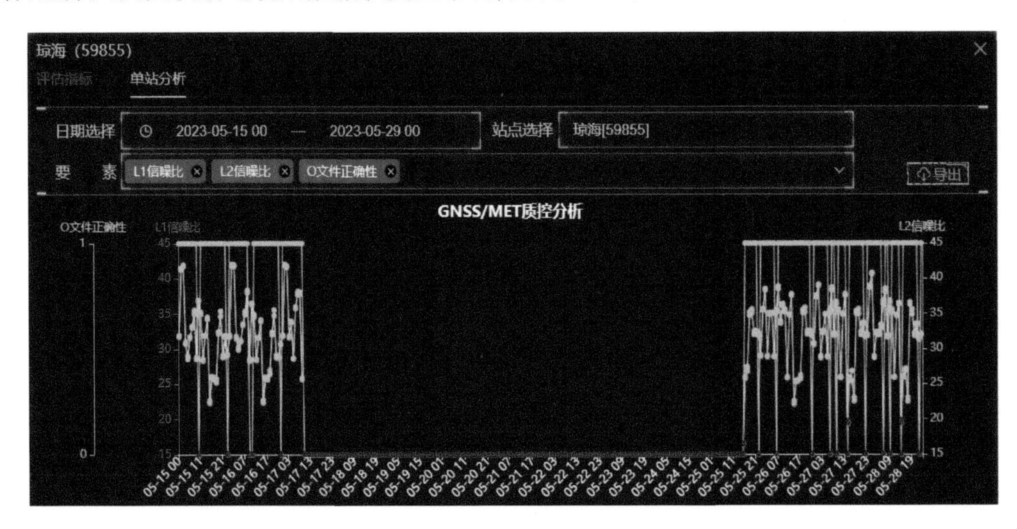

图 5.13 海南琼海站数据解析异常示例

实例 4:软件与设备不兼容

2023 年 1—9 月,湖北宣恩站 GNSS/MET 数据 O 文件等数据缺测较多,经天衡系统核查,其 L1、L2 信噪比缺测率超过 90%,多路径效应、历元完整率、观测数与周跳数比缺测率超过 10%,到报时次观测数与周跳数比低于 100 的达 104 次,历元完整率低于 90%的达 197 次。经多方判断是设备与软件不兼容导致,在服务器上彻底删除了宣恩站的设备配置信息并重新进行配置后问题得到解决,数据恢复正常,详见图 5.14。

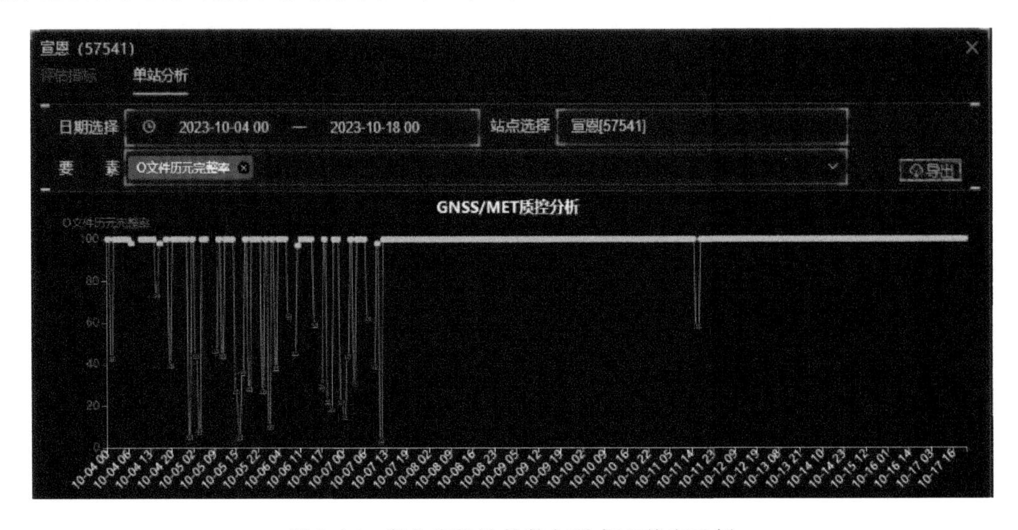

图 5.14 湖北宣恩站软件与设备不兼容示例

5. 雷电观测站质量改进典型案例

实例 1:站点电磁环境异常

2023 年 12 月,内蒙古西乌珠穆沁旗站通过率检查 7 天低于 85%,该站雷电观测设备为

ADTD 型。台站与厂家沟通后判断为 TCR 值升高，联系厂家更换降频设备、调整数据参数后恢复正常，详见图 5.15。

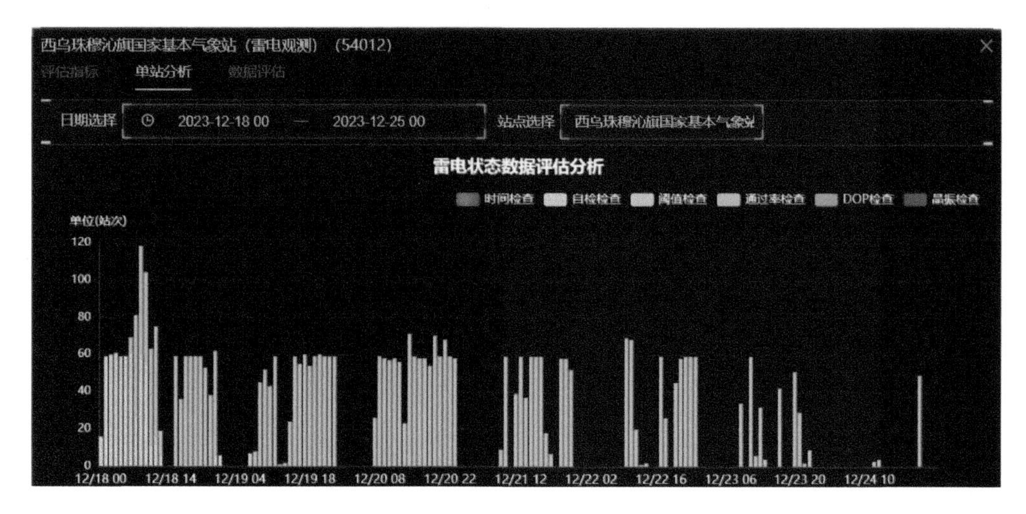

图 5.15　内蒙古西乌珠穆沁旗站改进前后雷电状态数据评估分析结果

实例 2：状态数据异常

2023 年 8 月 5—14 日，江苏盱眙站雷电观测自检检查、DOP 检查 7 天正确率低于 85%，该站雷电观测设备为 DDW1 型。经台站排查系采集单元故障，更换后数据恢复正常，详见图 5.16。

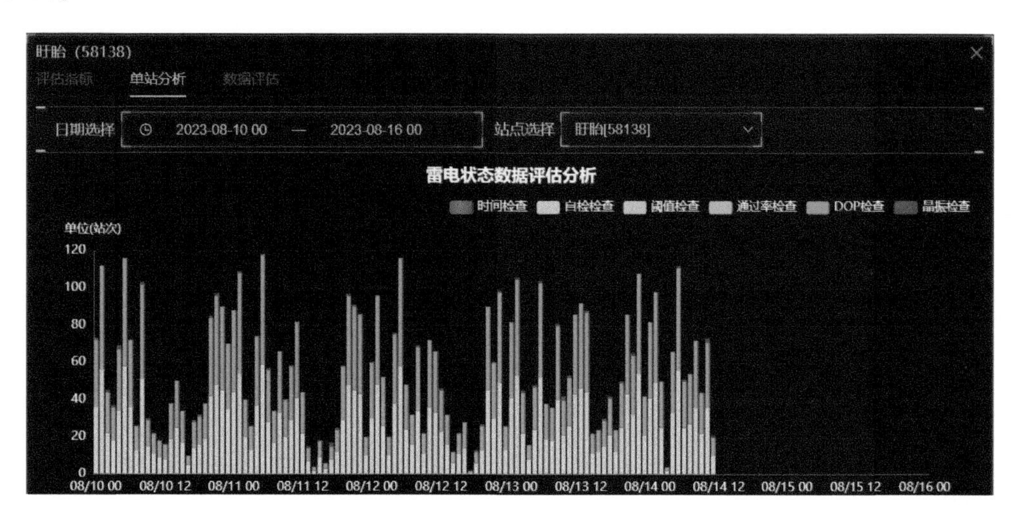

图 5.16　江苏盱眙站改进前后雷电状态数据评估分析结果

6. 自动土壤水分观测站质量改进典型案例

实例 1：设备故障或性能下降

2023 年 4 月 29 日，江西省龙南站 80 cm 土壤水分传感器故障，与相邻层相比，土壤体积含水量长期偏小，低至 5.3 g/cm³，4 月 30 日 09 时台站更换 80 cm 传感器后体积含水量升高至 36.7 g/cm³，数据恢复正常，详见图 5.17。

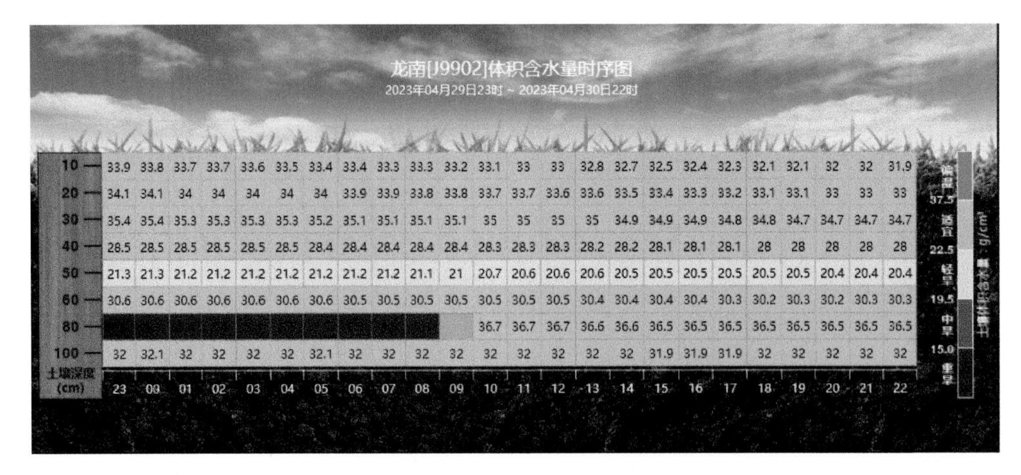

土壤深度(cm)	23	00	01	02	03	04	05	06	07	08	09	10	11	12	13	14	15	16	17	18	19	20	21	22
10	33.9	33.8	33.7	33.7	33.6	33.5	33.4	33.4	33.3	33.3	33.2	33.1	33	33	32.8	32.7	32.5	32.4	32.3	32.1	32.1	32	32	31.9
20	34.1	34.1	34	34	34	34	34	33.9	33.9	33.8	33.8	33.7	33.7	33.6	33.6	33.5	33.4	33.3	33.2	33.1	33.1	33	33	33
30	35.4	35.4	35.3	35.3	35.3	35.3	35.2	35.1	35.1	35.1	35.1	35	35	35	35	34.9	34.9	34.9	34.8	34.8	34.7	34.7	34.7	34.7
40	28.5	28.5	28.5	28.5	28.5	28.5	28.4	28.4	28.4	28.4	28.4	28.3	28.3	28.3	28.2	28.2	28.1	28.1	28.1	28	28	28	28	28
50	21.3	21.3	21.2	21.2	21.2	21.2	21.2	21.2	21.2	21.1	21	20.7	20.6	20.6	20.6	20.5	20.5	20.5	20.5	20.5	20.5	20.4	20.4	20.4
60	30.6	30.6	30.6	30.6	30.6	30.6	30.6	30.5	30.5	30.5	30.5	30.5	30.5	30.5	30.4	30.4	30.4	30.4	30.3	30.2	30.3	30.2	30.3	30.3
80												36.7	36.7	36.7	36.6	36.6	36.5	36.5	36.5	36.5	36.5	36.5	36.5	36.5
100	32	32.1	32	32	32	32	32.1	32	32	32	32	32	32	32	32	32	31.9	31.9	31.9	32	32	32	32	32

图 5.17　江西龙南站 10～100 cm 土壤体积含水量时序图

实例 2:安装不规范导致体积含水量变化异常

2023 年 6 月 4 日,安徽省阜南土壤水分站 10～30 cm 土壤体积含水量在降水前后变化较小,6 月 8 日进行松土处理后,降水后土壤体积含水量变化正常,详见图 5.18。

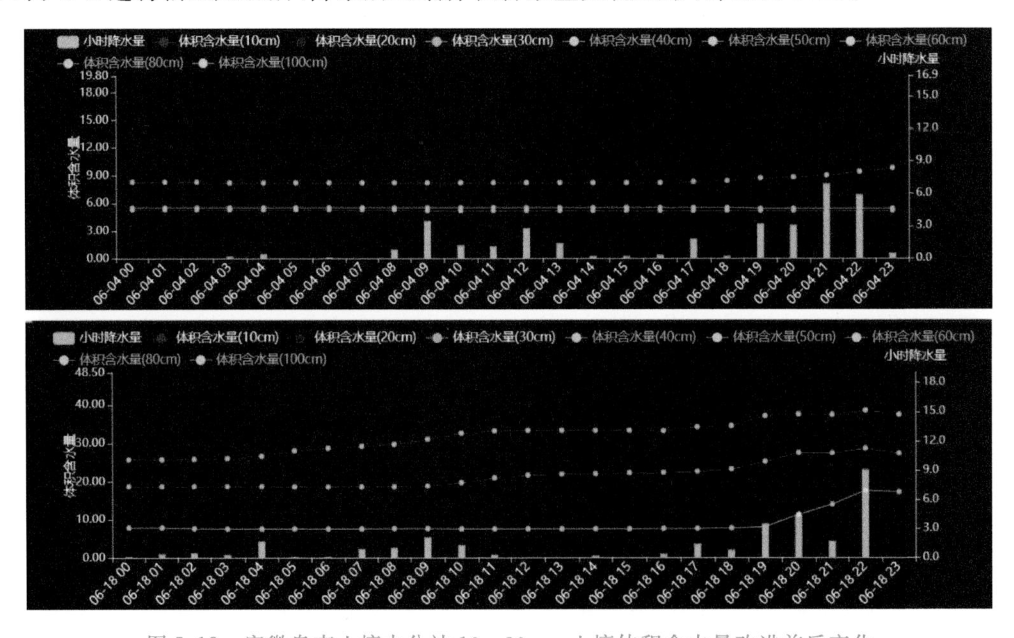

图 5.18　安徽阜南土壤水分站 10～30 cm 土壤体积含水量改进前后变化

7. 大气成分站质量改进典型案例

实例 1:局地污染

甘肃民勤站因台站周围夜间出现沙尘天气引起气溶胶质量浓度较高,详见图 5.19。这类情形一般会持续数小时,局地污染不能代表本站观测的浓度水平,应在观测日志中做好记录,在数据质控时应予以标记、剔除,不能参与后续均值统计和数据评估。

实例 2:设备故障

2023 年 7—8 月海南西沙站 PM_{10} 浓度值过高,台站查询反馈系抽气设备体积过小造成数据异常,更换抽气泵后数据恢复正常,详见图 5.20。

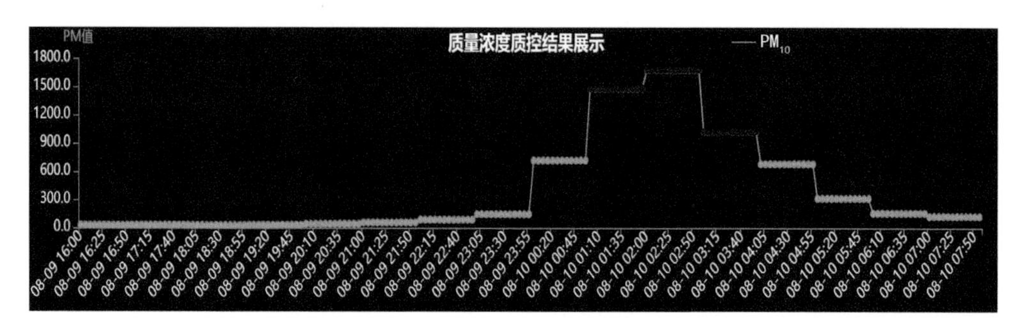

图 5.19　沙尘天气污染引起短时 PM_{10} 气溶胶浓度上升

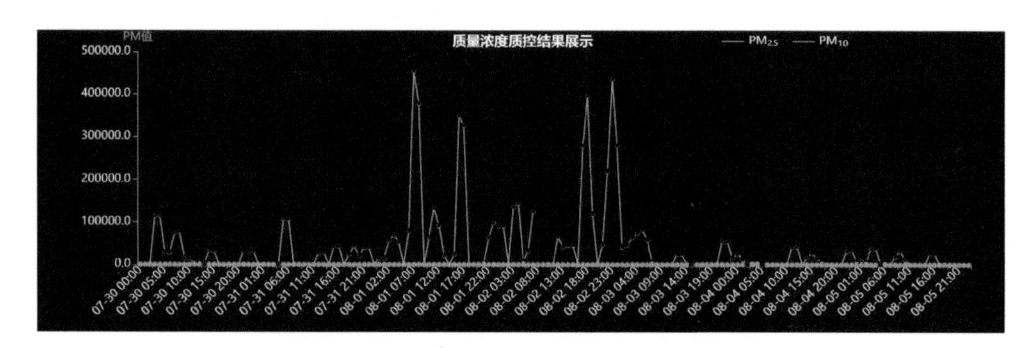

图 5.20　海南西沙站气溶胶质量浓度异常情况示例

实例 3:设备老化

甘肃敦煌站 PM_{10} 质量浓度频繁出现负值,经检查系仪器老化等问题,须定期清洁过滤器、更换滤膜,详见图 5.21。

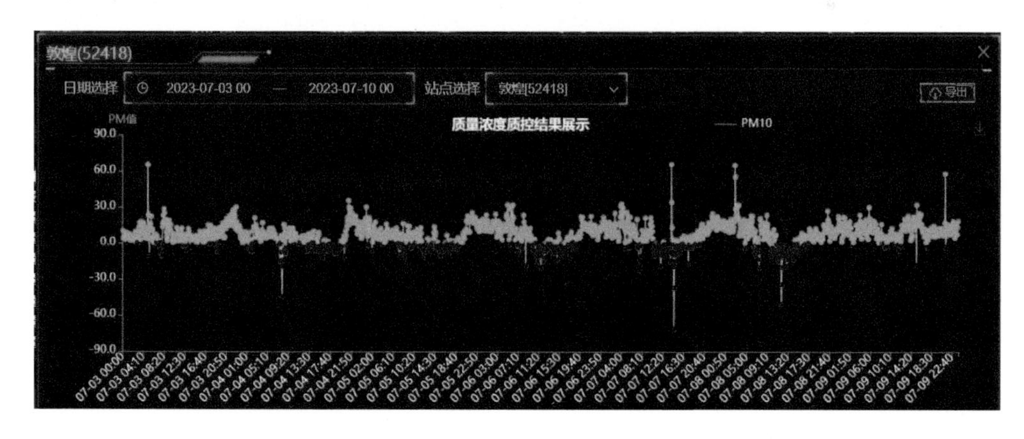

图 5.21　甘肃敦煌站 PM_{10} 气溶胶质量浓度异常情况示例

四、中试评估

2019 年起中国气象局气象探测中心建成并完善气象观测业务中试平台,弥补了观测产品领域的“中试空白”。

主要功能:测试与检验、集成与二次开发、评估与评价、技术示范推广与交易。通过对新研数据质量控制算法和观测产品加工处理算法开展业务中试、对比检验、分析评估,实现新研算法的业务化，为新研数据质控和产品加工算法业务化提供技术保证。

业务指标：建立科研开发、中试反馈和业务转化应用有机衔接的业务技术创新链，解决从科研成果到业务应用“最后一公里”问题，持续推进数据质控算法和产品算法迭代升级。

2023 年中试质量评价体系通过专家评审，依据评价体系共发布质量评估月报 12 期，优质计划评估报告 27 份，出版《气象探测科技成果中试运行报告(2022 年)》。全年共出具功能性测试报告 31 份，天气雷达拼图系统 V3.0(中心版)等 18 个软件通过业务准入。

雨雪相态产品和全球实况产品通过中试评估并集成到气象观测业务中试平台，并实时进行滚动评估(图 5.22)，评估指标包括方根误差(RMSE)、相关系数的平方(R^2)、平均绝对误差(MAE)、平均误差(ME)。

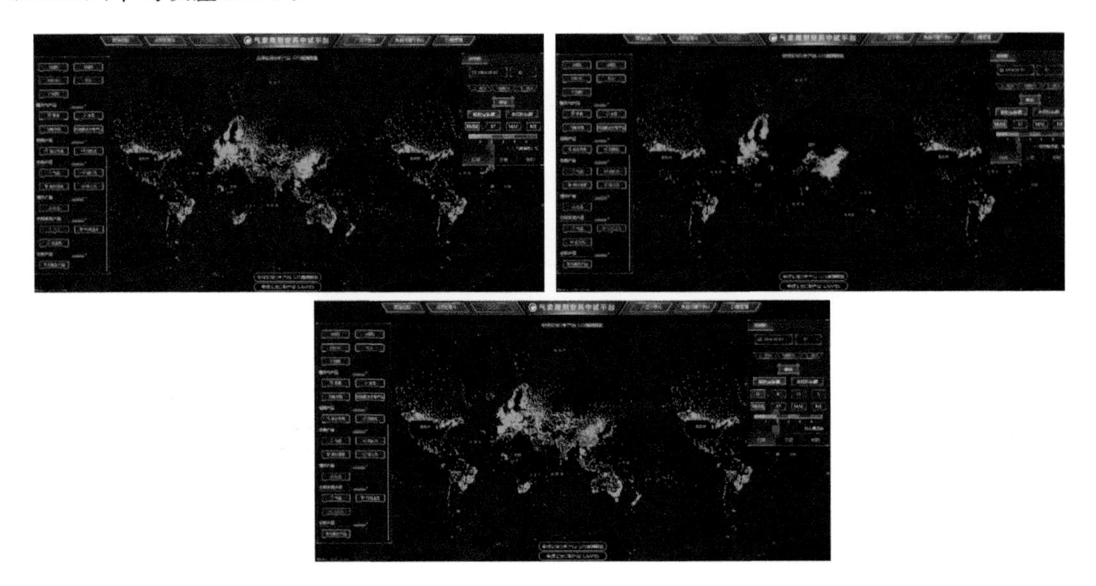

图 5.22　全球实况分析产品气温、相对湿度、风要素与 GTS 数据评估

全球实况分析产品评估结果优异，产品质量可靠。以全球实况分析产品(气温、相对湿度、风)为例，基于 2022 年 7 月 11—24 日的全球实况分析产品及 GTS 观测站点观测数据，通过双线性插值法进行评估，评估要素为气温、地面风和相对湿度，中试检验结果见表 5.1。

通过与观测数据做偏差评估，全球实况分析产品的气温、相对湿度和地面风三个要素的各项检验指标均表现良好，达到优质计划项目考核要求，可以在业务中推广应用。

表 5.1　全球实况产品评估结果

产　　品	RMSE	R^2	MAE	ME
全球实况气温	1.27 ℃	0.97	0.68℃	0.02℃
全球实况相对湿度	5.12%	0.94	3.06%	−0.3%
全球实况 U 分量	1.03 m/s	0.87	0.62 m/s	−0.01 m/s
全球实况 V 分量	1.05 m/s	0.86	0.61 m/s	−0.01 m/s
全球实况风速	1.15 m/s	0.79	0.68 m/s	−0.08 m/s
全球实况风向	39.02°	0.45	20.98°	0.12°